콘크리트 실무 매뉴얼 KCI PM303.1-15

콘크리트 양생

콘크리트시공기술위원회

사단법인 한국콘크리트학회 Korea Concrete Institute

발간사

우리 학회의 「콘크리트 실무지침」 발간 이래, 맨 처음으로 『콘크리트 양생』의 수정판 발간을 회원과 독자 여러분에게 고하게 되어 감사하고 영광스러운 마음입니다.

우리 학회는 지난 2009년 학회 창립 20주년을 계기로 '콘크리트실무지침편찬특별위원회'를 구성한 이래, 2010년 말 『해양 콘크리트의 염해 내구성 및 설계』, 『매스 콘크리트의 온도 균열 제어』, 『고유동 콘크리트의 제조 및 시공』, 『콘크리트 구조물 이음의 설계 및 시공』, 『콘크리트 양생』 등 5권, 2013년 『건축 포스트텐션 시스템』, 『PS 긴장재의 시공, 긴장관리 및 그라우팅』, 『콘크리트 장기거동 해석 및 적용』, 『폴리머 콘크리트 복합체의 제조 및 시공』, 『콘크리트 구조물의 방수기술』, 『레디믹스트 콘크리트 품질문제의 원인 및 대책』, 『콘크리트 제조, 운반 및 타설』 등 7권, 그리고 2014년 『국내외 주요 기준의 휨-압축 부재 설계 및 예제』, 『철근콘크리트 구조물의 철근 부식 진단과 방지 대책』, 『섬유보강된 고인성 시멘트복합재료의 성능평가와 구조 이용』, 『프리스트레스트 건축 플랜트 구조설계 및 공법』, 『수중콘크리트 구조물의 점검 방안』 등 6권을 발간하였으며, 현재도 13편의 실무지침 작업이 진행되고 있습니다. 앞으로도 계속 더 많은 실무지침을 발간할 예정이며, 이미 발간된 실무지침도 계속 수정해 나갈 것입니다. 아무쪼록 집필자들의 노력으로 발간된 각종 실무지침이 회원과 독자 여러분에게 큰 도움이 되기를 바랍니다.

끝으로 어려운 여건 속에서도 열심히 노력하시어 『콘크리트 양생』 수정판을 준비해 주신 집필책임자 정하선 명예회원과 집필위원 여러분에게 감사드리며, 세심한 검토를 하여 주신 특별위원회 여러 위원님들에게도 감사드립니다.

2015년 12월

사단법인 한국콘크리트학회

콘크리트실무지침편찬특별위원회 위원장 김 진 근

학회 회장(14대) 신 현 목

머리말

콘크리트의 양생은 콘크리트 제품 생산에 있어서 필수적인 과정입니다. 왜냐하면 이 과정을 거쳐야만 콘크리트의 소요강도와 충분한 내구성이 확보될 수 있기 때문입니다. 이와 같이 양생은 콘크리트 산업에서 매우 중요한 비중을 차지하는 과정임에도 불구하고 현장에서 적용 또는 참고할 수 있는 구체적이고 현실적인 내용의 관련자료가 만족스럽지 못한 실정입니다. 특히 발주자와 시공자 간의 의견차이는 판단기준이 되어야 할 객관적인 지침이 미흡함에서 비롯된 경우가 비일비재합니다.

이에 한국콘크리트학회 시공기술위원회(KCI-303)는 현장업무에 조금이라도 도움이 되고자 하는 목적으로 콘크리트 양생에 대한 실무 매뉴얼을 집필하게 되었으며, 이는 학회 실무지침편찬위원회가 주관하는 사업의 일환으로서 추진되었습니다.

본 매뉴얼에는 양생과 관련된 관심사항들이 거의 망라되어 있으며, 내용상으로는 현재까지 발표된 국내외의 연구자료들을 의미가 최대한 정확히 전달될 수 있도록 번역·발췌·편집하였습니다. 우선 양생의 필요성, 과정상의 특성, 사용재료 및 요구되는 환경조건 등 개괄적인 내용이 기술되어 있으며, 공법상으로는 외기환경에 따른 특성, 공사종류별 특성 및 부위별 특성에 의하여 각 공법을 분류하여 다루고 있습니다. 그리고 양생과정에서 중간평가와 양생 후의 효과를 측정하기 위한 방법들이 소개되어 양생과정이 올바르게 수행되고 있는지 또는 수행되었는지를 판단할 수 있는 지침을 제시하고 있습니다. 끝으로 현장에서 적용된 사례를 인용하여 실무 매뉴얼로서의 효용성을 높이고자 하였으며, 특히 이 부분은 향후 지속적으로 추가할 예정입니다.

본 매뉴얼을 발간하면서 현장에 실질적으로 적용할 수 있는 매뉴얼을 만들겠다는 당초의 목표와는 다소 거리가 있다는 우려도 없지 않으나, 장차 명실공히 손색없는 실무매뉴얼을 완성하기 위한 첫걸음을 디뎠다는 사실에 의미를 두고 싶습니다.

집필방향을 이끌어 주신 학회연구소 정하선 소장님, 집필에 힘써 주신 한경대학교 최동욱 교수님 외 집필위원님들, 그리고 실무입장에서 감수해 주신 철근콘크리트공사업협의회 이재림 위원장님 외 협의회 위원님들의 노고에 감사의 말씀을 드립니다. 또한 바쁘신 중에도 훌륭한 의견을 아끼지 않으신 발간물심의위원회 위원님들께도 깊은 감사를 드립니다.

2010년 12월

콘크리트시공기술위원회(KCI-303) 위원장 김 순 환

개정 머리말 |

이번 개정 내용은 양생방법에 큰 변화가 있어 새로 집필한 것은 아니며, 초판의 내용 중 오탈자의 수정과 내용의 명확성을 높이기 위해 수행되었다. 특히 「7.3 거가대교에 적용된 양생공법」 중 거푸집 탈형시기의 결정은 온도추종양생법에 의해 이루어졌기 때문에 그 내용을 좀 더 자세히 서술하였다. 이번 수정판을 출간하는 데 크게 수고해주신 대우건설기술연구소의 김영진 박사와 유재강 박사에게 특히 감사를 드린다.

2015년 12월

콘크리트시공기술위원회(KCI-303) 위원장 정 하 선

집필위원

집 필 책 임 자	김순환(㈜범건축종합건축사사무소)
집 필 위 원	김병윤(KCI공학연구소), 김영수(부산대학교), 김영진(대우건설기술연구소), 박연동(대구한의대학교), 전충근(㈜선엔지니어링종합건축사사무소), 정하선(KCI공학연구소), 최동욱(한경대학교), 한민철(청주대학교), 홍건호(호서대학교)

개정 집필위원

집 필 책 임 자	정하선(㈜전우구조건축사기술사사무소)
집 필 위 원	김영진(㈜대우건설기술연구원), 유재강(㈜대우건설기술연구원)

검토위원

검 토 위 원	김진근(KAIST), 강석화(JNT INC), 정재동(대구대학교), 길영국(송헌종합건설(주)), 김철빈(VLS코리아), 송명근(두송건설), 이영수(반도건설), 이재림(보림토건(주)), 이태석(황조건설(주))

심의위원

위 원 장	이광명(성균관대학교)
위 원	강석화(JNT INC), 차수원(울산대학교), 유성원(우석대학교), 홍건호(호서대학교), 손영진((주)콘스텍), 송명근(두송건설), 이태석(황조건설(주)), 임채도(송석건설(주))

기획 | 실무지침편찬특별위원회

위 원 장	김진근(KAIST)
고 문	김상식(인하대학교), 정영수(중앙대학교), 정하선((주)전우구조건축사기술사사무소)
부 위 원 장	배수호(안동대학교)
간 사	홍건호(호서대학교)
위 원	김은겸(서울과기대), 김종호((주)창민우컨설탄트), 김한수(건국대학교), 박성우(삼성물산(주)), 박홍근(서울대학교), 박홍기((주)태조엔지니어링), 서석구((주)서영엔지니어링), 연규석(강원대학교), 이재훈(영남대학교), 이주호(롯데건설(주)), 정광량((주)동양구조안전기술), 조윤구(현대건설(주)), 한천구(청주대학교)

차 례

05 장 양생 효과의 평가

06장 표준 시험 방법

07장 현장 적용 요령 및 사례

01 장

서 론

1.1 개요

이 “매뉴얼”은 콘크리트 양생 기구(cure mechanism)에 대한 이해를 돕고, 양생에 관한 최신 정보 및 양생 절차에 관한 “정보”를 제공하고자 작성되었으며, 양생 실무, 절차, 재료, 검사 방법 등을 포함한다. 이 “매뉴얼”에 포함된 양생 원칙과 절차는 모든 콘크리트 공사에 적용할 수 있다.

1.2 양생의 정의

‘양생’이라는 용어는 충분한 수분과 열이 존재하는 조건에서 시간의 경과에 따라 수경성 시멘트 콘크리트가 지속적인 수화반응을 통하여 굳은 콘크리트의 물성이 발현되는 과정을 의미한다. 모든 콘크리트는 시간의 경과에 따라 어느 정도 양생되지만, 양생의 속도는 콘크리트를 둘러싸고 있는 기후 조건에 따라, 또한 수분 손실과 열 손실을 제한하거나 외부에서 수분과 열을 공급하는 등 콘크리트의 외부 환경을 조정하는 방법에 따라 달라진다. ‘양생’은 적절한 수분 및 온도 조건에 따라 타설된 시멘트 성분의 혼합물이 수화반응을 일으키도록 하는 조치, 또는 포졸란 반응을 일으켜 혼합물의 잠재적 물성이 발현되도록 취하는 조치를 의미한다.

양생 기간은 타설 때부터 다짐, 마감을 거쳐 원하는 콘크리트 물성이 발현될 때까지의 기간으로 정의할 수 있다. 양생의 목적은 콘크리트의 수분 손실을 방지하는 것이며, 필요한 경우 충분한 시간 동안 추가적으로 수분을 공급하고 적절한 콘크리트 온도를 유지하도록 하는 것이다. 양생을 거치면 콘크리트 내부에서 시멘트 혼합물의 적절한 수화 반응이 일어난다. 양생은 콘크리트 표면 가까이 또는 콘크리트 내부의 강도, 투수성, 내마모성, 체적 안정성, 동결 융해 및 제빙 화학제에 대한 저항성과 같은 굳은 콘크리트의 물성에 결정적인 영향을 미친다.

1.3 포틀랜드 시멘트의 양생과 수화작용

1.3.1 포틀랜드 시멘트의 수화작용

포틀랜드 시멘트 콘크리트는 골재와 굳은 다공질의 시멘트 페이스트가 결합된 복합재료이다. 미시적 관점에서 보면 굳은 시멘트 페이스트는 시멘트와 물이 반응하여 생성된 물질이 서로 부착을 통하여 덩어리가 되어 있는 물질이다. 시멘트와 물의 반응은 소위 수화반응으로 불리는 화학적, 물리적 과정이다. 수화반응의 진행에 따라서 입자간의 부착력은 증가하고 입자간의 공극은 감소하게 된다. 그림 1.1은 주사전자현미경으로 관찰된 수화반응 이전의 포틀랜드 시멘트를 보여주고 있으며, 그림 1.2는 부분적으로 수화된 시멘트에서 수화반응 물질이 생성되고 입자간 부착이 발생함을 보여주고 있다. 그림 1.3은 부분적으로 수화된 시멘트 입자 1개를 나타낸 것이다. 입자의 표면은 소위 시멘트 겔이라고 알려진 밀도가 높은 무방향성의 수화반응 물질로 덮여 있다. 수화과정에서 겔 물질을 화학적으로 생성하기 위하여 또한 겔 물질 사이의 미세 공극을 메우기 위해서는 물이 필요하다(Powers 1948). 이때 수화반응의 속도와 반응 정도는 물의 가용성 여부에 달려 있기 때문에 필요한 시간 내에 소요 콘크리트 물성을 얻기 위해서는 양생 과정을 통하여 시멘트에 충분한 수분이 공급되어야 한다.

겔 물질을 생성하기 위해 소요되는 물을 화학적 흡입수(chemically bound water) 또는 수화수(hydrate water)라고 하며, 시멘트 조성과 수화 조건에 따라 이 양이 변화한다. 단위 시멘트 질량의 수화를 위해서는 질량비 0.21~0.28의 화학적 흡입수(평균 0.25)가 필요하다고 알려져 있다(Kosmatka and Panarese 1988).

그림 1.2와 그림 1.3에 나타낸 것과 같이 수화된 시멘트 입자를 둘러싸고 있는 겔은 다공질이고 무방향성의 물질이다. 수화 임계수 외에 수화 과정 중 겔 구조 층간 및 표면으로 추가적으로 물이 흡착된다. 이것을 물리적 흡입수 또는 겔수라고 한다. 겔수는 사용 중인 콘크리트에도 존재한다. 주위가 건조한 상태의 대기압 상태에서 겔수를 제거하려면 굳은 시멘트 페이스트를 105 ℃ 정도로 가열해야 한다(Neville 1996).

수화수와 물리적으로 흡착된 겔수는 포틀랜드 시멘트를 양생하는 데 있어서는 둘 다 필요하다. Neville은 시멘트의 지속적인 수화반응은 "화학적 반응과 동시에, 생성되는 겔 공극을 채울 수 있는 충분한 양의 물이 있을 때만 가능하다"고 서술하였다. 그러므로 포틀랜드 시멘트의 수화반응에 소요되는 물의 양은 물리적으로 겔 표면에 흡착되는 물과 화학적으로 수화물을 생성하는 데 필요한 물의 양의 합이다(Neville 1996 ; Mindess and Young 1981).

한편 콘크리트의 강도와 내구성의 발현은 시멘트 수화도의 정도가 아니라 시멘트 입자간의 공극이 얼마나 수화물로 채워져 있느냐에 달려 있다(Powers 1948). 이러한 사실은 그림 1.2의 현미경 사진과 그림 1.4 및 그림 1.5에 잘 나타나 있으며, 지속적인 양생을 통한 공극의 채움으로 인하여 밀실하고, 강하고, 투수성이 낮은 콘크리트가 생성됨을 알 수 있다. 이때 공극이 채워지는 정도는 시멘트의 수화 정도뿐만 아니라 시멘트 페이스트 내 초기 공극의 부피에 달려 있으므로 양생수의 가용성 여부만이 아니라 초기 물-시멘트비(w/c) 역시 중요하다.

그림 1.2에서 시멘트 입자간의 공극(사진의 검은 부분)은 굳지 않은 시멘트 페이스트 초기 상태에서는 배합수로 채워져 있다. 시멘트 체적에 대한 배합수의 체적이 감소함에 따라서 시멘트 페이스트의 초기 공극 역시 감소하게 된다. 그러므로 낮은 물-시멘트비를 갖는

그림 1.1 수화전 포틀랜드 시멘트 입자-배율 2,000x

그림 1.2 부분적으로 수화된 포틀랜드 시멘트 입자-배율 4,000x

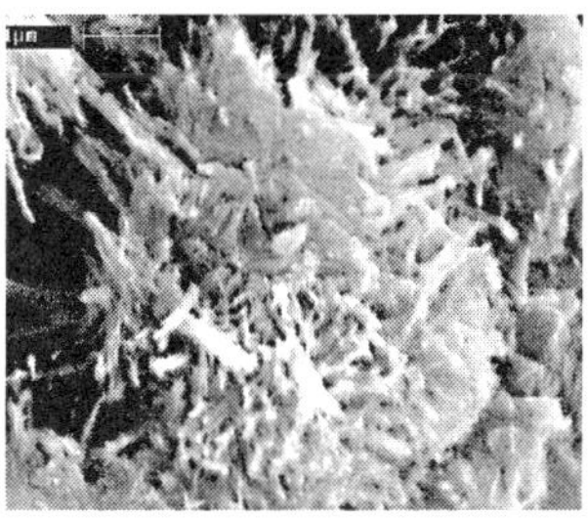

그림 1.3 근접 촬영된 수화된 시멘트 입자-배율 11,000x

시멘트 페이스트는 낮은 초기 공극률을 갖고, 일정한 수준으로 공극을 채울 수 있을 만큼의 수화반응을 필요로 하게 된다. 그림 1.5는 양생과 물-시멘트비별로 제작된 모르타르 시험체의 습윤양생기간에 따른 그림 1.5에서 물-시멘트비가 0.8인 모르타르 시험체를 21일간 습윤 양생하였을 때 투수율은 2.45 kg/m²/h이다. 물-시멘트비가 0.64인 시험체에서는 동등한 수준의 투수율과 공극 채움 정도가 10일간 양생으로 달성되며, 물-시멘트비가 0.5인 경우는 약 3일 간의 양생만이 필요함을 알 수 있다.

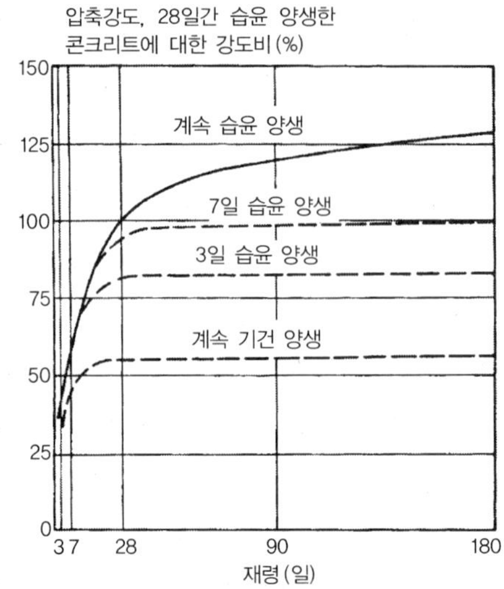

그림 1.4 양생 조건별 양생 기간에 따른 150×300 mm 원주 공시체의 압축강도

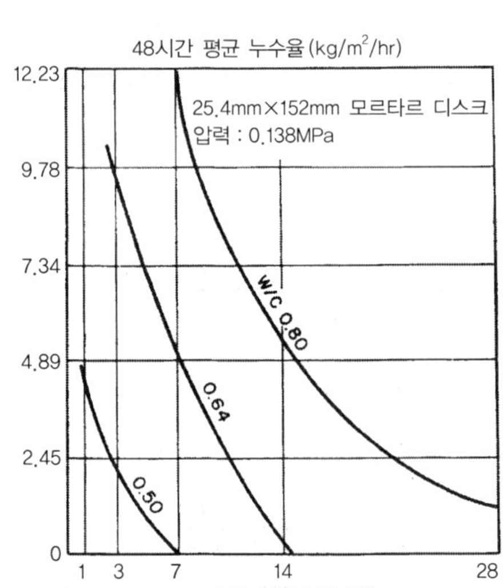

그림 1.5 모르타르 시험체의 투수성에 대한 양생의 영향

1.3.2 양생의 필요성

배합설계에 따라 초기에 주어진 물의 양만으로도 콘크리트 배합의 요구 성능을 만족시킬 수 있는 만큼 충분히 지속적인 수화가 가능한 경우, 양생 방법은 요구 성능이 만족될 때까지 수분이 유지되도록 조치만 하면 된다. 물-시멘트비를 낮게 함으로써 초기 공극률을 낮추어 초기 수량이 낮게 설계된 경우, 콘크리트 요구 성능이 만족될 때까지 수화가 지속되어 공극을 적절히 채울 수 있도록 추가적인 물을 공급하는 양생 조치를 취할 필요가 있다. Powers는 물-시멘트비가 0.5를 약간 하회하는 콘크리트 배합에서 수분 손실이 발생하지 않도록 봉함하였음에도 불구하고 물의 부족으로 인하여 가능한 수준의 수화반응이 충분히 이루어지지 않음을 증명하였다(Powers 1948). 이러한 배합의 경우에는 외부로부터 양생에 필요한 수분을 공급할 수 있다. 그러나 Powers는 모든 콘크리트 배합에서 요구 성능을 만족시키기 위해 잠재적인 수화반응이 모두 달성될 필요는 없으며, 물-시멘트비가 0.5 이하라 하더라도 반드시 외부로부터 양생수의 공급이 필요한 것은 아니라고 주장하였다.

물-시멘트비가 낮은 경우의 또 한 가지 문제는 수화반응에 의해 수분이 고갈됨에 따른 내부의 건조, 즉 자기 건조(self desiccation)이다(Neville 1996). 시멘트의 수화가 진행됨에 따라 지속적인 수화에 충분치 않은 양의 물이 남게 되는데, 이때 콘크리트가 완전히 봉함되어 수분 손실 및 수분 공급이 모두 차단된 경우 콘크리트는 내부로부터 건조될 수 있다. 이 문제는 주로 물-시멘트비가 0.4 이하인 배합에서 많이 일어나고, 낮은 물-시멘트비를 갖는 배합에서 장기 강도의 증진이 거의 없는 현상은 여기에 기인한다. 낮은 물-시멘트비 콘크리트의 낮은 투수 성능으로 인하여 표면 가까이에서 건조로 인한 수분 손실이 발생하는 경우에도 내부로부터의 수분 공급이 원활하지 않게 된다. 그러므로 낮은 물-시멘트비를 갖는 콘크리트는 표면이 빨리 건조될 수 있으며, 이에 따라서 표면에 외부로부터 양생수를 신속히 공급해 주어야 한다(Aitcin 1999).

1.3.3 수분 제어와 온도 제어

양생에 있어서 수분 제어는 콘크리트 소요 물성의 달성에 필요한 시멘트의 수화반응을 유지시킬 수 있도록 충분한 물을 공급하는 것이다. 일련의 연속적인 화학적 반응인 수화반응은 온도에 영향을 받고, 콘크리트의 온도가 10 ℃ 상승할 때마다 반응 속도는 약 2배가 된다. 따라서 양생 과정에서는 수화반응이 지속될 수 있는 충분한 콘크리트 온도를 유지해야 한다. 그러나 초기에 콘크리트 온도가 상승함에 따라서 수화반응이 아주 급속히 진행되는 경우, 콘크리트의 강도를 떨어뜨리고 공극을 증가시키기 때문에 온도 제어 수단이 필요할 수도 있다.

1.4 계획적인 양생 조치가 필요한 경우

계획적인 양생 조치가 필요한 경우는 시멘트나 시멘트성 물질의 수화에 필요한 물이 불충분하여 콘크리트 소요 물성의 발현이 늦어지거나 정지되었을 경우이다. 양생은 표면 건조로 인하여 콘크리트가 손상을 입을 염려가 없거나, 수화반응이 지속되어 소요 물성을 얻어질 때까지, 또는 계획적인 양생 조치 없이도 소요 물성을 발현하는 것으로 판단될 때까지 계속해야 한다.

1.4.1 환경 조건

콘크리트에 적정량의 수분과 온도를 유지하기 위하여 조치를 취해야 하는지 여부는 기후 조건, 콘크리트 배합, 굳은 콘크리트에 필요한 물성에 달려 있다. 콘크리트의 과도한 수분 손실이 없거나 초기 수분 손실로 인한 콘크리트 요구 성능의 저하 우려가 없는 경우에는 콘크리트 양생을 위한 별도의 조치가 필요 없을 수도 있다. 대부분의 경우 양생 기간 동안 양호한 환경 조건이 지속될 가능성은 적으므로 환경 조건의 변화에 대비하여 양생 조치를 취할 수 있도록 항상 준비를 갖추고 있어야 한다.

1.4.2 노출 표면의 양생 순서와 시기

양생은 통상적으로 콘크리트를 타설, 마감한 후 수행하는 단일 공정으로 생각되어 왔다. 그러나 적절한 수분 제어를 위해서는 여러 가지 다른 절차를 순차적으로 적용한 후 소위 최종 양생으로 완료할 수도 있다. 이 절에서는 양생에 사용되는 기술과 시작 시점에 근거하여 양생 절차의 3단계를 기술한다.

초기 양생은 콘크리트 표면으로부터의 수분 손실을 감소시키기 위하여 콘크리트 타설부터 최종 마감 사이에 수행하는 절차이다. 초기 양생의 예는 분무 또는 증발 억제제의 사용을 들 수 있다.

중간 양생은 항상 필요한 것은 아니지만, 마감이 완료된 후 종결에 이르기 전에 수행되는 양생이다. 이 시기에는 수분 증발은 감소시킬 필요성이 있지만 콘크리트가 완전히 굳지 않아 직접 물을 뿌리거나 섬유 또는 플라스틱으로 덮는 경우 콘크리트 표면의 마감성이 저하될 수 있다. 이러한 경우 뿜칠에 의한 액체 피막 양생제를 사용하여 본격적인 양생을 시행하기 전까지 수분 증발을 제어할 수 있다.

최종 양생은 콘크리트 마감 후 종결에 도달한 이후 시행되는 양생 과정이다. 최종 양생의 예로는 물로 포화된 마포를 덮거나 담수양생, 살수양생 또는 액체 피막 양생제 등으로 표면을 덮는 방법 등이 있다.

1) 타설 시기와 마감 작업

운반, 타설, 다짐, 교정과 흙손질은 모두 콘크리트가 초결에 이르기 전에 이루어진다. 표면 질감을 형성하기 위한 작업은 초결 시점에서 시작하고 콘크리트가 종결에 도달할 때까지 완료해야 한다. 초결 및 종결은 모르타르의 관입 저항 시험으로 판정할 수 있다(KS L 5108, KS F 2733, ASTM C 403 M).

그림 1.6(a)에 나타낸 것 같이 표면 마감은 초결 이전 또는 콘크리트 표면의 블리딩 수가 사라지기 전에 시작하면 안 된다. 이는 초결 이전의 콘크리트 표면에 질감을 만들거나 마감 장비의 무게를 견딜 만큼 단단하지 못하기 때문이다.

마감 시점은 콘크리트의 블리딩에 영향을 받는다. 블리딩 수는 굳지 않은 콘크리트에서 상대적으로 밀도가 높은 단단한 입자들이 중력에 의해 가라앉는 반면 밀도가 작은 물은 표면에 떠오르는 현상이다. 블리딩 수는 증발하기도 하고, 또는 시공자가 제거하기도 한다. 블리딩 수의 양은 KS F 2414 혹은 ASTM C 232 방법으로 측정할 수 있다. 침하 또는 블리딩이 완료되기 이전에 콘크리트 마감 작업을 하는 경우, 마감으로 인하여 단단해진 표면층 하부에 잔류 블리딩 수가 모여 표면 하부에 취약층을 형성할 수 있다. 블리딩 수가 완전히 사라지기 전에 마감을 하면 블리딩 수가 콘크리트 표면에 다시 스며들어 표층부 콘크리트의 물-시멘트비를 높이고 표면 부위의 강도를 저하시킬 수 있으며, 동절기에 스케일링이나 마모에 의한 표면 박리가 유발되기도 한다. 따라서 마감 작업은 블리딩이 완료되고 블리딩 수가 사라지거나 제거되기 전까지는 시작해서는 안 된다.

블리딩 수가 있는지 여부는 육안으로 식별할 수 있다. 그러나 증발 속도가 블리딩 속도와 같거나 더 빠를 때에는 콘크리트의 표면 상태만으로는 잘못 판단할 수 있다. 이러한 경우에는 표면이 건조하게 보일 때에 블리딩이 완료되었다고 판단할 수 있고, 마감 작업을 시작할 수 있다. 블리딩이 계속 일어나는지 여부를 확실히 판단할 필요가 있을 때에는 투명 플라스틱 시트로 콘크리트 표면의 일부를 덮어 증발을 억제한 상태에서 블리딩을 관찰할 수 있다.

표면 마감은 콘크리트의 종결이 완료되는 시점의 일정한 강성(또는 KS L 5108, KS F 2733, ASTM C 403에 따라 측정한 관입저항)에 도달하기 전에 완료되어야 한다. 종결 이후에 마감 작업을 계속해야 하는 경우, 표면에 추가적으로 물을 공급할 필요가 있을 수 있지만 콘크리트 표면에 물을 추가하면 표면 강도와 내구성이 감소하기 때문에 이러한 방법은 피해야 한다. 기본적으로는 초결과 종결 사이(그림 1.6(a) 참조)의 기간을 소위 "마감 창"으로 할 수 있다.

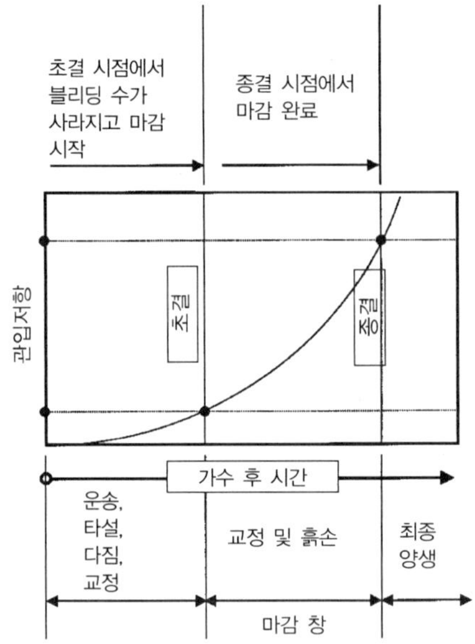

그림 1.6(a) 이상적인 조건의 시공 : (1) 초결 시점과 블리딩 완료 시점이 일치하고, 마감 작업의 시작 시점에서 모든 블리딩 수가 막 증발된 상태, (2) 종결과 마감 작업 종료 시점이 일치하며 최종 양생은 종결 및 마감 작업 완료 이후 즉시 시작할 수 있다.

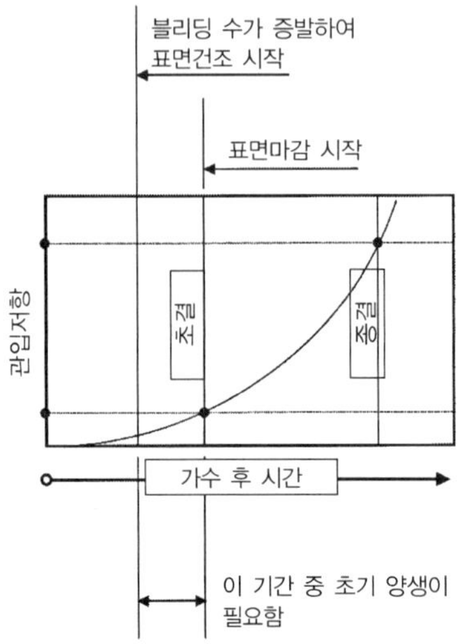

그림 1.6(b) 마감 작업을 시작하기 일정한 시간 이전에 블리딩 수가 사라지고 표면 건조가 시작하는 경우, 마감 이전 및 마감 작업 중 수분 손실을 최소화하기 위한 초기 양생이 필요하다.

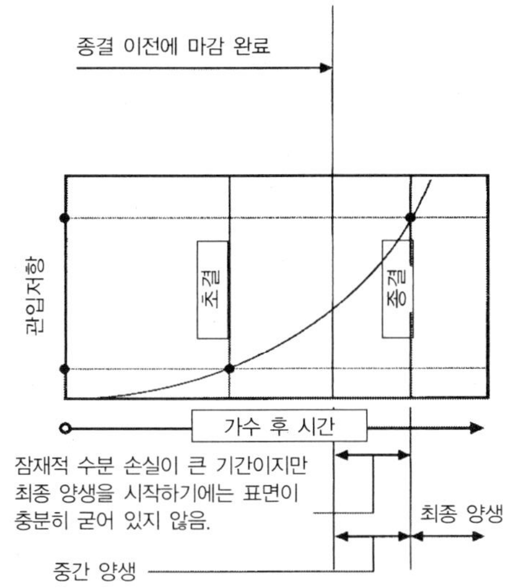

그림 1.6(c) **콘크리트 표면이 종결에 이르기 이전에 마감 작업이 완료된 경우**

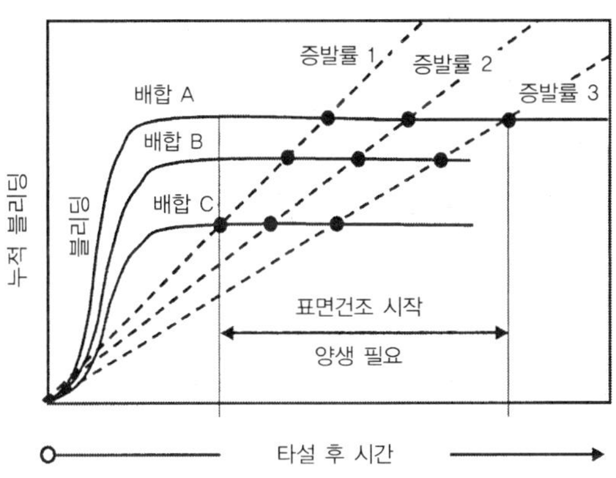

그림 1.7 **콘크리트 표면이 건조하기 시작하는 시점을 결정하기 위한 블리딩 현상과 증발 복합 효과**

2) 양생 시기

양생 조치는 콘크리트 표면이 건조되기 시작할 때, 즉 블리딩 수가 콘크리트 표면에 고이는 것보다 빠른 속도로 증발하기 시작할 때 시작해야 한다. 건조 및 양생 개시 시기는 환경과 증발 속도뿐만이 아니라, 그림 1.7과 같이 블리딩 특성에 따라 다르다. 그림 1.7에 콘크리트 타설 후 시간의 경과에 따라 서로 다른 3가지 배합의 누적 블리딩 특성을 나타내었다. 이 그림에는 세 가지 다른 기후 조건, 즉 상, 중, 하 증발 속도(속도 1, 2, 3)에서의 누적 표면수 손실이 중첩 표시되어 있다. 누적 블리딩이 누적 증발량과 같아지는 시점을 기준으로 할 때 건조를 제어하기 위한 양생 조치가 필요한 시기가 서로 상이함을 알 수 있다.

(1) 증발

증발 속도는 공기와 콘크리트의 온도, 상대습도, 풍속, 햇빛으로부터의 방사열 등에 영향을 받는다. 콘크리트 표면의 물이 증발되는 주요 요인은 표면의 수증기와 표면 위 공기 중의 수증기의 압력차 때문이다. 압력차가 클수록 증발 속도는 빨라진다. 콘크리트 표면의 수증기압은 표면수의 온도와 관련되어 있고, 일반적으로 표면수의 온도는 콘크리트 표면 온도와 같다. 콘크리트 표면 온도가 높을수록 표면의 수증기압은 높아진다.

증발은 표면과 공기의 증기압 차이에 의해 발생되기 때문에 공기의 증기압을 낮추면 증발이 빨라진다. 공기의 습도가 낮으면 증발 속도가 빨라지지만, 공기 온도가 낮을 경우, 특히 공기의 습도와 온도가 모두 낮을 경우, 증발 속도가 빨라지는지에 대해서는 잘 알려지지 않고 있다. 기온이 높고 건조한 경우에는 증발 속도가 빨라지는데 이는 공기 온도가 높기 때문이 아니라 콘크리트 온도가 높아지기 때문이다. 풍속도 주요 요인이 되는데 이는 바람이 증발이 일어나는 표면의 수증기를 증발시켜 버리기 때문이다. 바람이 없으면 증발 속도가 느려지는데, 이는 증발이 일어나는 표면 주위에 공기 중의 수증기가 축적되기 때문이다. 표면이 직접 햇빛을 받으면 표면수가 데워져 증발이 촉진된다.

Dalton(1802)이 처음 시도한 이후, 증발에 영향을 미치는 요인들을 고려하여 증발 속도를 수학적으로 예측하기 위한 많은 노력이 있었다. 콘크리트 산업 분야에서는 Menzel(1954)이 소개한 증발 속도 예측 방법이 많이 사용되고 있다. 가장 잘 알려진 것은 1960년 미국 NRMCA(National Ready Mixed Concrete Association)가 Menzel이 제안한 내용을 재편집한 증발률 계산 도표이다. 이 도표의 사용 방법, 한계, 정확도 등에 대해서는 이 매뉴얼의 5.2절에서 설명하기로 한다.

(2) 블리딩

블리딩의 속도와 기간은 콘크리트 배합, 콘크리트의 타설 깊이 또는 두께, 다짐 방법 등에 좌우된다. 단위 수량과 물-결합재비가 주요 영향 인자이지만 시멘트, 시멘트 대체 재료, 골재, 혼화 재료, 공기량 등도 모두 블리딩에 영향을 미친다. 다짐을 철저히 하면 표면에 블리딩 수가 일찍 떠오르며 깊은 부재일수록 얕은 부재에 비하여 블리딩이 많이 발생한다. 블리딩은 응결이 진행되면서 표면 건조가 안 일어나도 점차 사라지는데, 양호한 증발 조건에서도 결국 표면 건조가 발생한다. 특히 블리딩이 거의 없도록 배합된 경우에는 타설과 마감 초기에 표면 건조가 일어날 가능성이 크다. 실리카 퓸, 미분말 시멘트, 또는 기타 미분말 시멘트성 재료, 낮은 물-결합재비, 높은 공기량, 감수제 등을 사용한 배합에서 이러한 경향이 자주 나타난다.

(3) 초기 양생

블리딩이 거의 없도록 한 배합이나 증발이 많이 일어나는 환경일 경우, 그림 1.6(b)에서 보는 바와 같이 초결 또는 마감 작업이 시작되기 훨씬 전에 표면 건조가 일어날 수 있다. 이러한 경우에는 분무나 증발 억제제의 사용, 차양막이나 바람막이, 표면 덮기와 같은 환경 조절 방법 등으로 수분 손실을 저감하는 조치가 필요하다. 마감 작업은 여러 단계로 나누어 시행되고 시간이 많이 걸리기 때문에 초기 양생은 마감 작업이 완료될 때까지 지속하거나 반복 시행될 필요가 있다.

블리딩 수가 있는 동안은 콘크리트의 표면 건조를 방지하기 때문에, 초기 양생 조치는 블리딩 수의 반짝거림이 사라진 직후에 취해야 한다. 블리딩 수가 없어진 직후 마감 작업이 시작될 때에는 초기 양생 조치를 취할 필요가 없다. 콘크리트의 블리딩이 거의 없거나 증발이 빠르게 일어나는 환경에서는 타설 직후 콘크리트 건조가 발생할 수 있다. 이러한 경우에는 공기 중의 습도를 높이기 위한 분무 또는 액상 증발 억제제를 도포하여 교정 작업 직후, 또는 흙손 마감 전에, 초기 양생 조치를 취해야 한다. 분무로 인한 여분의 물이나 여분의 증발 억제제는 표면 마감 전에 제거해야 한다. 블리딩이 낮거나 무시할 정도인 콘크리트에도 초기 양생 조치가 필요하다. 이러한 콘크리트는 흔히 실리카 퓸, 미분말 시멘트, 미분말 시멘트성 재료, 낮은 물-결합재비, 높은 공기량, 또는 감수제 등을 포함한다. 초기 양생은 흔히 소성수축 균열을 최소화하기 위하여 타설 즉시 시행할 필요가 있다. 소성수축은 표면 블리딩 수 발생 속도보다 표면의 증발 속도가 클 때 표면이 건조되면서 발생한다.

(4) 최종 양생

마감 작업 직후에 수분 손실을 막기 위해 콘크리트 표면을 보호해야 한다. 양생 조치가 전체 콘크리트의 마감 작업이 끝날 때까지 지연되면 상당한 표면 건조가 발생하는데, 이는 마감 장비의 압력으로 인하여 표면에 블리딩 수가 올라옴으로써 증발 속도는 마감 직후 최대가 되기 때문이다. 그러므로 마감 작업 직후에 수분 손실을 억제해야 한다. 그림 1.6(a)와 같이 마감 작업이 종결과 같은 시점에서 끝날 때에는 수분의 손실 속도를 늦추기 위하여 최종 양생을 아주 적절한 시점에서 시행할 수 있다. 그러나 최종 양생이 지연되는 경우에는 상당한 양의 수분 손실이 발생할 수 있다.

(5) 중간 양생이 바람직한 경우

콘크리트가 종결에 이르기 전에 콘크리트 마감 공정이 끝났을 경우에는 중간 양생 조치가 필요하다. 이러한 상황은 마감 작업이 신속히 끝나고 응결은 지연되는 경우에 발생한다. 마감 작업이 막 끝난 콘크리트 표면은 수분 손실에 대해 취약할 뿐만 아니라 양생 재료의 조기 도포로 인한 피해에도 취약하다. 수분 손실 방지의 필요성과 마감 작업 직후 표면을 손상으로부터 보호할 필요성은 서로 상충될 수도 있는데, 그림 1.6(c)와 같이 콘크리트가 종결에 도달하기 전에 콘크리트 표면의 마감 작업이 끝났을 경우에는 특별히 주의해야 한다.

종결 이전에 적신 방수포나 플라스틱 시트, 기타 양생 재료를 사용하면 콘크리트 표면이 손상될 가능성이 크다. 더구나 콘크리트 표면에 추가된 물이 시멘트 입자 사이로 침투되어 시멘트 입자간 접착력이 약해지고 물이 시멘트 입자를 밀어내 너무 일찍 가수를 할 때 나타나는 것과 마찬가지로 콘크리트 표면을 약하게 한다. 최종 양생을 할 때에는 수분이 일찍 공급되는데 시멘트 입자가 밀리는 것을 피하기 위하여 물은 조심스레 공급해야 한다(예, 표면에 물이 고이지 않도록 분무). 응결이 진행되어 시멘트 입자의 접착력이 증가되면 좀 더 적극적으로 표면에 물을 살포할 수 있다. 이러한 원칙으로 실험실과 현장에서 실험한 결과, 마감 작업 직후 방수포로 콘크리트 면을 덮었더니 제빙염에 의한 박리 저항성이 감소하였다. 또한 동일하게 배합된 콘크리트 표면을 마감 직후 플라스틱 시트를 살짝 덮고 콘크리트가 종결에 도달했을 때 젖은 방수포로 덮었더니, 표면 박리에 대한 저항성이 증가하였다.

증발 억제제의 사용, 분무 등과 같은 초기 양생 조치를 최종 양생 조치가 취해질 때까지 계속하는 방법으로 중간 양생을 실시할 수 있다. KS F 2540(혹은 ASTM C 309와 C 1315) 규정에 맞는 도막 방수제는 동력 분무기로 살포할 수 있어 콘크리트 표면을 밟을 필요가 없으며 마감기의 최종 작업이 끝나는 즉시 작업을 할 수 있다. 양생용 피막 양생제(양생 컴파운드)는 종결에 도달하기 전에도 사용할 수 있으며 최종 양생 수단으로도 사용할 수 있다. 그러므로 양생 컴파운드는 중간 양생 수단으로 효과적으로 사용될 수 있을 뿐만 아니라 수중 양생이나 보호 덮개 등을 최종 양생 전에 사용하여 응결 최종 단계에서의 수분 손실을 최소화할 수 있다.

건축물보다는 교량 건설에서 중간 양생의 수단으로 양생 컴파운드를 사용하고 바로 물로 포화된 덮개를 씌우는 경우가 많다. 양생 컴파운드는 마감 장비 바로 뒤에 있는 교량 상판에서 또는 마감 작업 인부 발판에서 살포할 수 있다. 양생 컴파운드가 건조된 후 젖은 방수포나 이와 유사한 재료로 표면을 덮고 플라스틱 시트를 설치한다. 이러한 조치가 두 가지 양생 방법을 중복하여 사용하는 것이 필요할 때도 있다. KS F 2540(혹은 ASTM C 309와 C 1315)의 규정에 맞는 양생 컴파운드는 제품의 품질과 현장 여건, 현장에서 사용하는 방법에 따라 다르지만, 수분 손실을 지연시키는 역할을 한다. 물을 채우거나 물 살포, 또는 포화된 방수포를 사용하는 수중 양생은 물의 손실을 방지하는 역할뿐 아니라, 낮은 물-결합재비를 갖는 콘크리트인 경우, 시멘트의 수화반응 유지에 필요한 추가적인 물을 공급하는 중요한 역할을 한다(Mindess and Young 1981 ; Neville 1996).

3) 타설과 양생의 사전 준비

양생은 콘크리트 표면이 마르거나 증발이 심하게 일어나는 즉시 시작되어야 한다. 양생 방법을 선정할 때에는 필요한 재료가 가용한지 여부를 고려해야 한다. 물이나 양생 컴파운드, 필요한 장비와 부속품이 준비되어 있어야 하며, 환경 조건이 열악할 경우 즉시 사용할 수 있어야 한다. 효율성을 위하여 차양막, 바람막이 등을 콘크리트 타설 전에 설치해야 한다. 콘크리트 타설 전에 하부 지반 또는 인접 구조물을 적셔 놓는다든가 철근이나 거푸집을 냉각시키는 조치도 필요하다.

1.4.3 탈형된 표면의 양생

탈형된 콘크리트 표면과 노출 표면의 수분 손실이 주요한 사항이다. 거푸집이 물을 흡수하지 않는 재료로 만들어졌을 경우에는 거푸집을 떼지 않는 것이 수분 손실을 감소시킨다. 건조된 흡수성 거푸집은 콘크리트 표면의 물을 빨아들인다. 또한 부재 상단이 수축하여 거푸집과 분리되어 있는 경우가 많으며 탈형 전후에 이러한 부위의 콘크리트 표면이 건조되어 있는 것을 자주 발견할 수 있다. 따라서 탈형된 표면을 양생하는 것이 좋다.

1.4.4 동절기와 하절기의 양생

기후 조건이 양생의 필요성을 좌우하며 양생 방법의 효율성과 시행의 어려움 정도를 좌우한다. 예를 들어 혹한기에 초기 양생으로 분무하는 방법을 사용하는 것은 비현실적이다. 반면에 무덥고 건조한 환경에서는 콘크리트 표면의 수분 손실을 막는 것이 매우 중요하다. 그러므로 양생 방법을 선택할 때에는 이러한 요인들과 더불어 경제적 관점뿐만 아니라 표면 강도, 내마모성, 제빙제로 인한 박리에 대한 저항성, 표면 투수성 등 여러 가지 요인에 대한 상대적 효율성도 함께 고려해야 한다.

1.4.5 양생 기간

필요한 양생 기간은 콘크리트 구성 재료와 배합 비율, 달성하고자 하는 콘크리트 물성값, 양생 기간 동안의 요구 물성의 달성 속도, 양생 종료 후 이러한 물성의 발현 속도에 따라 다르다. 실험에 의하면 서로 상이한 물-시멘트비를 갖는 페이스트가 동일한 투수성을 갖는 데 소요되는 시간은 낮은 물-시멘트비의 페이스트인 경우는 3일, 높은 물-시멘트비의 페이스트는 1년이 걸렸다(Powers, Copeland, and Mann 1959).

양생은 소요 콘크리트 물성이 발현되거나, 양생을 종료하고 자연 환경에 노출된 이후에도 소요 콘크리트 물성이 발현될 것이라는 합리적인 이유가 있을 때까지 지속되어야 한다. 양생을 종료하면 콘크리트 물성의 발현이 늦어질 가능성이 크기 때문에 적절한 양생 기간을 결정하는 데 있어 압축강도뿐 아니라 그 외의 얻고자 하는 콘크리트의 물성도 함께 고려해야 한다. 예를 들어 압축강도와 낮은 투수성이 콘크리트 성능으로 요구되는 경우, 두 가지 물성이 시방서에 명시된 값에 도달할 수 있는 충분한 기간 동안 양생을 실시해야 한다. 따라서 적절한 양생 기간은 발현되어야 하는 콘크리트 물성의 가장 낮은 값에 좌우된다. 양생 기간을 시방서에 규정할 때의 다른 고려 사항으로는 여러 가지 양생을 위한 조치들에 수반되는 비용, 양생이 충분히 되지 않음으로써 필요한 콘크리트 물성을 얻지 못했을 때 수반되는 위험 요소와 비용 등이 있다.

1.5 양생 영향 부위

콘크리트의 물성은 수분 손실에 민감하게 영향을 받으므로 콘크리트 표면의 양생이 가장 중요하다. 표면은 건조한 공기 흐름이나, 건조한 하부 지반 또는 다공질 거푸집과 같은 흡수성이 큰 물질과 접촉하게 된다. 그림 1.8은 150×300 mm 콘크리트 원주형 공시체가 7일간 습윤 양생 후 외기 온도 23 ℃, 상대습도 50 퍼센트에 노출된 경우, 표면으로부터 깊이에 따른 상대습도를 보여주고 있다(Hanson 1968). 보통 중량 콘크리트 공시체의 경우 표면에서 6.4 mm 깊이에 있는 콘크리트의 상대습도는 재령 28일에 약 70 퍼센트였던 반면 공시체 중심에서 상대습도는 약 95 퍼센트였다. 재령 28일에서 6.4 mm 깊이의 시멘트는 수화반응을 멈추고 중심에서는 수화반응이 계속되었다.

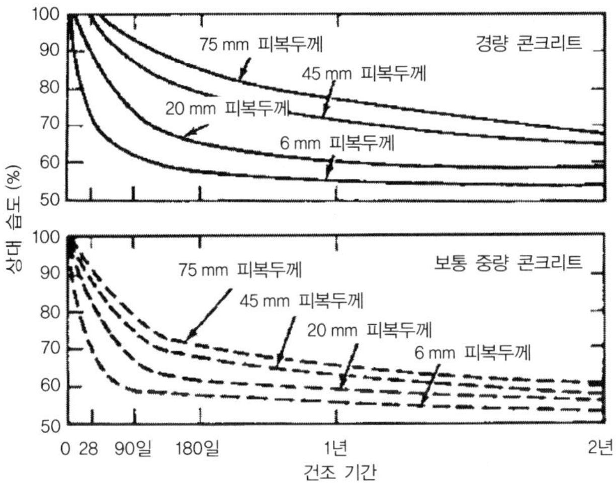

그림 1.8 **콘크리트 원주 공시체 면으로부터 깊이의 변화에 따른 내부 상대습도 변화의 예**

양생 영향 부위는 양생 조치로 가장 영향을 크게 받는 콘크리트 부분이라고 정의할 수 있다. 이 구역은 물-결합재비나 투수성, 주위 환경과 같은 콘크리트 배합 특성에 따라 표면으로부터 깊이 5~200 mm이다. 양생 영향 부위에서 콘크리트의 물성은 양생의 효율성에 영향을 받는 반면 그보다 더 깊은 위치에 있는 콘크리트의 물성은 수분 손실 가능성이 크지 않다.

콘크리트의 투수성이 낮을수록 표면과 내부간의 수분 이동은 느려진다. 마찬가지로 투수성이 낮을수록 내부의 수분이 증발로 인한 표면 수분을 대체하는 속도가 느리다. 이와 같은 낮은 투수성을 갖는 콘크리트는 표면 건조로 표면 물성이 제대로 발현되기 어렵지만, 내부 물성은 충분히 발현될 수 있다.

표면 경도, 내마모성, 박리 저항성, 표면 투수성과 흡수성, 휨인장강도(파괴계수), 기타 표면 물성은 양생으로 인하여 크게 영향을 받으므로 이러한 물성에 대한 시험 결과를 양생의 효율성에 대한 유용한 지표로 사용할 수 있다. 단, 코어나 원주 공시체, 입방 공시체 등에 대한 압축강도 시험 결과는 공시체의 겉보기 강도의 지표로서는 유용하지만 반드시 표면 물성을 대표하지는 못한다. 또한 압축강도 시험은 전통적으로 양생의 효과를 제시하기 위하여 사용되지만 실제로는 위에 열거한 표면 물성에 대한 양생의 효과를 나타내지는 않는다.

1.6 양생으로 영향을 받는 콘크리트의 물성

양생은 시멘트의 수화반응 정도에 직접적으로 영향을 미치므로 양생은 모든 콘크리트 물성 발현에 영향을 미친다. 콘크리트 물성에 미치는 양생의 영향은 다음과 같은 다양한 실험에서 수집된 자료를 이용하여 설명할 수 있다. 그림 1.4는 압축강도에 대한 양생의 영향, 그림 1.5와 1.9는 굳은 콘크리트의 투수성에 대한 양생의 영향을 보여주고 있다. 그림 1.10은 습윤 양생 기간을 1일에서 3일로 연장하였을 때 투수성의 감소가 크게 일어남을 나타내고 있으며, 그림 1.9도 유사한 경향을 보여주고 있다.

그림 1.10은 양생으로 인한 콘크리트 표면의 산소 투과성 감소 효과를 보여주고 있다 (Gowriplan 1990). 1일간 양생에서 3일간 양생으로 양생 기간을 연장하였을 때 투과성이 대폭 낮아진다는 사실을 명백히 나타내고 있다. 그림 1.11은 양생 기간을 1일에서 4일로 연장하였을 때 표면 흡수율이 50 퍼센트 가량 감소함을 보여주고 있다(Dhir, Hewlett, and Chan 1987). Sawyer(1957)는 내마모성에 대한 양생의 효과(그림 1.12 참조)와 양생을 24시간 지연시켰을 때의 효과(그림 1.13 참조)를 보여주었다. 여기서 시험 사이클은 마모 시험 장비를 연속적으로 작용시킨 횟수를 말한다.

Murdock, Brook과 Dewar(1991)는 그림 1.14에 나타낸 것과 같이 수중 양생 기간과 공기 연행제를 사용한 콘크리트의 동결 융해 간의 관계를 보여주었다. 그림 1.14에서 물-시멘트비가 0.45에서 동결 융해 저항성이 28일 양생 기간 동안 계속적으로 증가하고 있음을 알 수 있다.

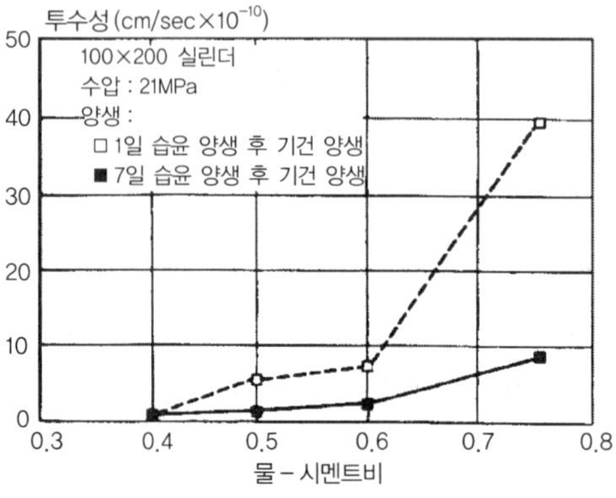

그림 1.9 콘크리트 투수성에 대한 양생의 영향

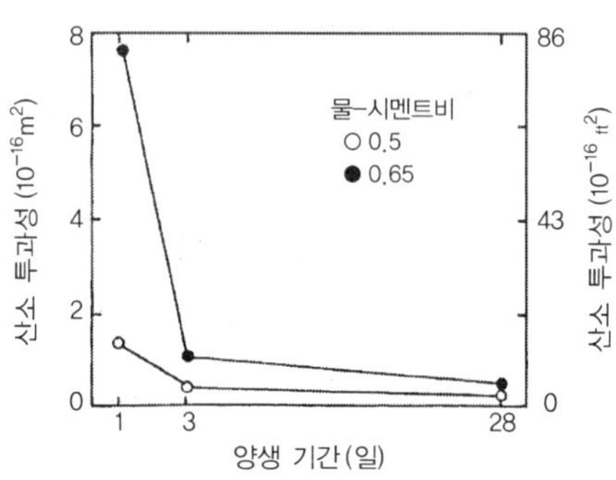

그림 1.10 콘크리트 표면의 산소 투과성 감소에 미치는 양생의 영향

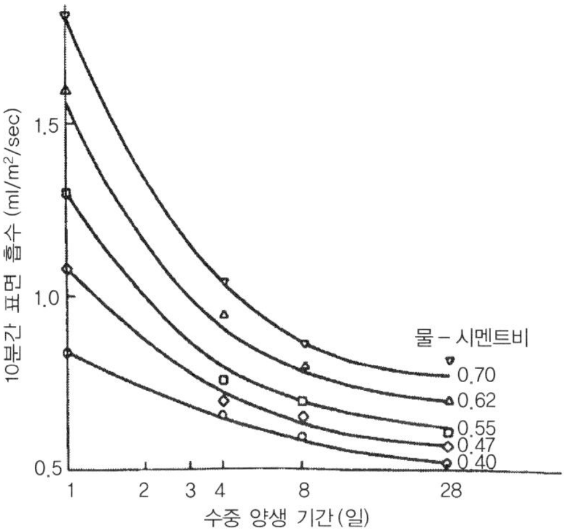

그림 1.11 수중 양생 기간을 1일에서 4일로 연장함으로써 표면 흡수는 50 퍼센트 감소함

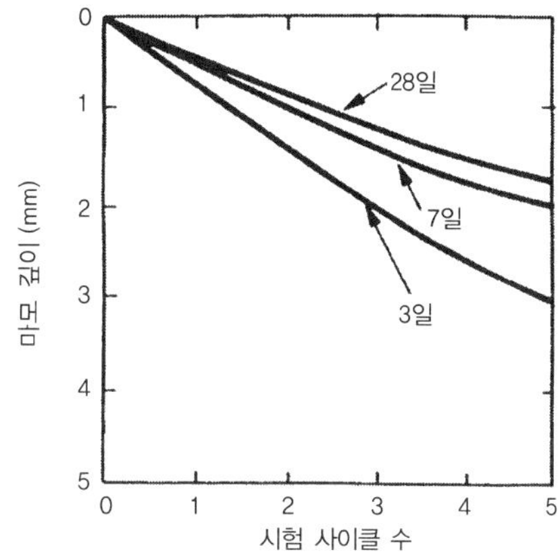

그림 1.12 양생의 내마모성에 대한 효과

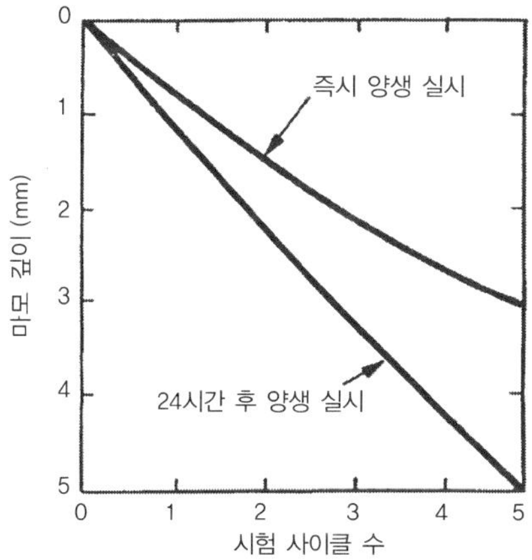

그림 1.13 양생 지연에 따른 내마모성의 변화

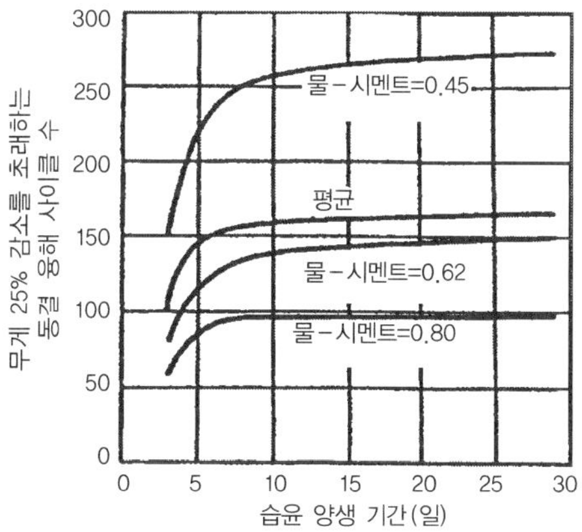

그림 1.14 습윤 양생 기간의 동결 융해 저항성에 대한 영향, 물－시멘트비의 영향 포함

02 장

양생 방법과 재료

2.1 일반 사항

콘크리트 타설 직후부터 시작하여 양생 기간 동안 너무 빠른 건조, 극단적인 온도 조건, 급격한 온도 변화, 기계적 손상, 강우 및 유수로 인한 손상으로부터 콘크리트를 보호해야 하며, 콘크리트의 요구성능을 만족하기 위해서는 양생 재료나 방법에 상관없이 충분한 수분과 온도가 유지되어야 한다. 타설된 콘크리트의 수분과 온도를 제어하기 위한 방법은 많이 있지만, 이러한 방법들이 모두 경제성, 적정성, 효용성이 같은 것은 아니며, 콘크리트 배합, 사용되는 양생 재료, 작업 방법, 주위 기후 조건 등의 여러 가지 환경 조건의 조합에 따라 달라진다.

양생 시스템에서는 수중, 분무, 증기, 방수포, 부직포, 모래, 짚 등과 같은 덮개 재료 등을 지속적으로 또는 수시로 사용하거나, 불투수 시트나 액상 피막 양생제와 같이 콘크리트 표면의 수분을 유지하기 위한 막양생 재료 등이 있다. 콘크리트와 접촉하는 외기와 거푸집을 초기 3일간 10 ℃ 이상의 온도로 유지해야 하고, 시방서에 규정된 잔여 양생 기간 동안 0 ℃ 이상의 온도를 유지해야 한다.

연소 히터의 배기 가스는 폐쇄된 공간 외부로 환기시켜야 하고, 히터와 덕트의 위치 및 방향은 콘크리트 표면을 부분적으로 너무 뜨겁거나 건조시키지 않고, 화재를 발생시키지 않도록 배치되어야 한다. 콘크리트 타설 이전에 적절한 양생 및 보호를 위한 재료를 현장에 준비해 두어야 하며, 콘크리트는 어떠한 경우에도 용접을 포함한 불 혹은 지나친 열에 직접 접촉하지 않도록 해야 한다.

2.4.2의 피막 양생제에 허용된 경우를 제외하고, 바닥 강화제, 페인트 혹은 기타 도막 또는 다른 콘크리트가 부착되는 부위는 습윤 양생을 해야 한다. 실리카 퓸을 사용한 콘크리트는 마감할 때 분무 양생하고, 이후 즉시 연속적인 습윤 양생을 해야 한다.

이 매뉴얼에서는 양생 재료와 관련된 안전성에 대해서는 언급되어 있지 않으나, 적절한 안전성이나 유해성에 대한 조치는 사용자의 책임으로써, 사용 전에 규제 사항의 해당 여부 등을 사용자가 결정해야 한다.

2.2 수중 양생

콘크리트를 수중 양생할 때에는 유해한 물질이 포함되지 않은 물로 콘크리트 표면 전체를 지속적으로 덮어야 한다. 양생수는 콘크리트의 성능 저하를 일으키거나 손상을 줄 수 있는 유해물질을 포함해서는 안 된다. 따라서 양생수는 마실 수 있고, KS F 4009 부속서 2(레디믹스트 콘크리트의 혼합에 사용되는 물)의 규정을 만족시키는 혼합수여야 한다. 외관을 고려해야 하는 경우에는 콘크리트에 얼룩이나 변색을 일으킬 수 있는 물질이 포함되어 있지 않아야 한다.

찬물을 양생수로 사용할 경우에는 온도 충격이나 과도하게 급한 온도 구배를 피할 수 있도록 주의해야 한다. 양생수의 온도는 균열을 일으킬 수 있는 온도 구배로 인한 응력을 최소화하기 위하여, 콘크리트 내부 온도보다 10 ℃ 이상 낮으면 안 된다. 콘크리트 온도가 갑작스럽게 10 ℃ 정도 낮아지면 1.0×10^{-5} 정도의 변형률이 발생하는데, 이는 콘크리트의 변형 능력과 근사한 값이다.

2.3 초기 양생 방법

초기 양생은 콘크리트 표면에서 수분 손실을 감소시키기 위하여 콘크리트 타설부터 최종 마감 사이에 이루어지는 양생 절차를 말한다.

2.3.1 분무

외기 온도가 동결 온도보다 상당히 높을 때 분무를 적절히 자주하면 콘크리트 표면 건조를 방지하는 데 매우 좋은 효과를 얻을 수 있다. 분무는 노즐이 물을 안개 형태로 자동적으로 방출하도록 설계하면 비용이 적게 든다. 분무의 주목적은 공기의 습도를 높이고 증발 속도를 낮추기 위한 것이므로, 콘크리트 표면에 직접 살포하지 말고 콘크리트 표면 직상부에서 이루어져야 한다. 분무 효과는 콘크리트 표면 상부 공기에 안개가 형성되어 있을 동안만 지속되기 때문에 분무를 자주 또는 지속적으로 해야 하며, 콘크리트 표면의 풍속이 증가할수록 분무 횟수도 증가시켜야 한다. 또한 분무는 새로 타설된 콘크리트 표면에 덩어리가 생기려는 경향을 감소시키는 효과도 있다. 분무기에서 나오는 물이 표면을 손상시키거나 콘크리트 내로 침투하지 않는 한 문제를 발생시키지 않는다. 분무로 생기는 물은 후속 마감 작업을 할 때 표면에 남아 있으면 안 되며, 마감 전에 제거하거나 증발되도록 해야 한다.

2.3.2 액상 증발 억제제

증발 억제제는 콘크리트 표면 위로 올라오는 블리딩 수 위에 단분자 구조의 막을 형성할 수 있는 유기화학물 용체이다. 이러한 화학물이 충분하면 콘크리트 표면 블리딩 수의 증발 속도를 늦추는 효과적인 막이 형성된다.

증발 억제제는 새로 타설된 콘크리트 위에 살포하여 증발 속도가 블리딩 속도와 같거나 클 때 수축의 위험을 감소시킬 수 있다. 증발 억제제를 콘크리트 표면의 마감을 쉽게 하기 위한 목적으로 사용하여서는 안 되며, 제조자의 사용 설명서에 따라 사용해야 한다.

2.4 최종 양생 방법

최종 양생은 콘크리트 마무리 후 최종 응결에 도달한 다음에 시행되는 양생 절차를 의미한다. 콘크리트가 최종 응결에 이르기 전에 콘크리트 표면의 마감 작업을 할 경우에는 최종 양생을 너무 일찍 시행하면 새로 타설된 콘크리트에 손상을 줄 수 있으므로 중간 양생이 필요하다.

2.4.1 습윤 양생

습윤 양생되는 콘크리트는 마무리 직후부터 시작하여 전체 양생 기간 동안 연속적인 습윤 상태를 유지해야 한다. 만일 물 또는 양생 재료가 영구적으로 노출되는 콘크리트 표면을 얼룩지게 하거나 오염시킨 경우, 콘크리트 표면을 승인된 방법으로 청소해야 한다.

만일 거푸집이 양생 기간 종료 이전에 제거되는 경우, 적절한 재료를 사용하여 거푸집 없는 면과 동일한 방법으로 양생해야 하며, 습윤 양생 방법은 살수, 함침, 면 매트 또는 플라스틱 코팅된 마대의 사용 등이 있다.

마대와 매트는 깨끗하고 오염이 없어야 하고, 콘크리트에 사용하기 전에 물로 완전히 포화시켜야 하며, 시공자는 습윤 양생이 하루 24시간 지속될 수 있도록 승인 받은 시공 체계를 갖추어야 한다.

1) 콘크리트 표면 살수

기온이 동결 온도보다 높을 때에는 분무나 살수로 매우 양호한 양생효과를 얻을 수 있다. 콘크리트가 최종 응결에 도달했고, 물이 흐르는 것이 큰 문제가 안될 때에는 스프링클러를 사용하는 것이 효과적이나, 다량의 물을 쉽게 사용할 수 없는 지역에서는 스프링클러를 사용하는 것이 불리하다. 살수와 살수 사이에 콘크리트 표면의 건조가 용인된다 하여도 간헐적인 스프링클러의 사용은 피해야 한다. 수직에 가까운 콘크리트 표면 양생을 위하여 호스를 사용하는 것이 효과적이며, 이때 표면이 침식되는 것에 주의해야 한다.

2) 침수

자주 쓰이지는 않지만, 가장 완벽한 수중 양생 방법은 마무리 작업이 끝난 콘크리트를 물속에 함침시키는 것이다. 침수는 암거 바닥, 교량 상판, 포장, 평지붕 등과 같은 슬래브 형태의 양생에 쓰이는 경우가 있으며, 슬래브에 턱을 만들어 물을 가둘 수 있다. 침수는 너무 일찍 실시하면 페이스트가 묽어져 표면이 약해질 수 있다(Van Aardt 1953).

3) 방수포, 면 매트, 기타 흡수성 재료

물을 함유한 방수포, 면 매트, 기타 흡수성 피복 재료를 수평이나 수직 표면에 사용한다. 이러한 재료들은 콘크리트를 얼룩지게 하는 물질 등 콘크리트에 유해한 물질이 없어야 한다. 수용성 유해 물질을 제거하기 위하여 콘크리트를 덮기 전에 방수포는 청결히 유지하고, 부패 방지나 방화 처리가 된 방수포를 사용하는 것이 좋다. 작업 중간에 방수포를 저장할 경우, 곰팡이 발생 방지를 위하여 건조시켜야 한다. 방수포가 두꺼울수록 물을 더 많이 함유할 수 있어 자주 방수포에 살수할 필요가 없기 때문에 이중 방수포 사용이 바람직하다. 방수포 폭의 반이 겹치도록 설치하면 물을 더 많이 함유할 수 있고, 바람이 세거나 비가 많이 올 때에도 움직이지 않으므로 유리하다. 그리고 기온이 높거나 상대습도가 낮은 경우 또는 바람이 많이 부는 경우에는 계속하여 수분을 공급할 필요가 있다.

매트와 유사한 섬유로 만들어진 흡수성 재료는, 이들이 방수포보다는 큰 질량을 갖기 때문에 방수포를 사용할 때에 비하여 콘크리트가 더 경화될 때까지 사용을 늦춰야 한다는 것 외에는, 방수포를 사용하는 방법과 기본적으로 같다.

콘크리트 슬래브가 넓을 경우, 작업자들이 새로 타설된 콘크리트 위에 양생 재료를 설치하기 위하여 걸어 다녀야 하기 때문에, 콘크리트가 충분히 경화된 후 양생작업을 시작해야 한다.

4) 모래 양생

모래가 젖어 있고 깨끗하다면, 양생 기간 동안 포화된 상태를 유지할 수 있을 경우 양생 재료로 사용될 수 있다. 모래층은 양생하고자 하는 전 표면에 걸쳐 물을 균등하게 함유할 수 있도록 충분히 두꺼워야 한다. 모래는 유해한 물질로 인한 손상 위험을 최소화하기 위한 잔 골재의 요구 조건을 만족시키는 것이어야 한다.

2.4.2 수분 유지에 의한 양생

콘크리트 표면의 증발로 인한 수분 손실을 저감하기 위하여 사용되는 재료로는 시트나 콘크리트 위에 막을 형성하는 액상 화합물이 있다.

이러한 재료들의 이점은 다음과 같다.

1) 콘크리트의 수분 흡수를 방지하기 위하여 축축한 상태를 유지할 필요가 없다.

2) 방수포나 밀집, 건초에 비하여 다루기 쉽다.

3) 습윤 양생보다 일찍 적용할 수 있다.

이러한 재료들은 콘크리트가 최종 응결이 될 때까지 기다릴 필요 없이 마무리 작업이 끝나면 즉시 적용할 수 있다.

1) 불투수 시트

불투수 시트는 단위 면적당 질량이 낮고 투명하거나 흰색, 검은색 시트 형태로 생산된다. 불투수 시트의 최소 두께는 0.10 mm이며, KS M 3354의 요구 조건을 만족시켜야 한다. 흰색 시트는 태양광 흡수로 인한 온도 상승을 최소화할 수 있다. 투명 시트와 검은색 시트는 추운 날씨에 태양광을 흡수하는 이점이 있으나, 따뜻한 날씨에는 그늘진 곳을 제외하고는 사용할 수 없다. 시트를 사용할 때에는 시트의 연속성을 저해하는 찢김에 주의해야 하며, 양생 기간 중 파손 및 구멍이 생기면 즉시 보수해야 한다.

타설된 상태로 외관이 중요할 경우의 수분 유지 방법으로 사용하면 안 된다. 불투수 시트는 온도, 수분 함량 등의 변화로 인해 콘크리트에 얼룩을 발생시킬 수 있기 때문이다(Greening and Landgren 1966). 이런 경우에는 살수하여 양생하는 방법을 택하는 것이 좋다. 흡수성 섬유에 시트를 부착하여 사용하면, 플라스틱 시트와 콘크리트 표면 사이에 수분을 균일하게 유지할 수 있어 얼룩을 감소시키는 데 효과적이다.

불투수 시트는 새로 타설된 콘크리트가 최종 응결에 도달한 직후 가능한 한 빨리 설치되어야 하며, 노출된 콘크리트 표면 전체를 덮어야 한다. 또한 계획된 양생 기간 동안 시트가 콘크리트와 접착되어 있도록 눌러 놓아야 한다.

불투수 시트 양생은 수평면 또는 수평에 가까운 면에만 사용해야 하며, 콘크리트 표면을 완전히 적신 후 시트로 완전히 덮어야 한다. 시트는 300 mm 이상 서로 겹치게 하여 모래나 목재로 누르거나 100 mm 이상 겹치게 하고 테이핑 하여 접합부가 완전히 밀폐된 연속 덮개를 형성하도록 해야 한다.

2) 보강 종이 시트

역청질 접착제로 크라프트지(kraft paper)를 접착시키고 섬유로 보강한 보강 종이는 KS M 3354의 규정에 적합한 것이어야 한다. 양생용으로 쓰이는 종이는 물에 젖거나 말랐을 때 찢어지지 않도록 처리 과정을 거친 것이다. 보강 종이 시트는 규정에서 정한 요구 조건을 만족시키기 위하여 역청질 접착제로 접착한다.

한 면이 흰색인 종이 시트는 햇볕을 반사하여 태양열 흡수를 줄일 수 있으며, 콘크리트 표면의 수분을 유지하는 데 효과적인 보강 종이 시트는 재사용할 수 있다. 종이 시트에 구멍이 났거나 찢어졌을 때에는 역청질 접착제와 같은 적합한 접착제를 사용하여 종이로 보수해야 한다. 종이 위를 걸어 다니거나 재사용으로 종이에 구멍이 생기는 경우가 많으므로, 종이 시트가 더 이상 수분 유지에 효과적이지 못하면 이를 폐기하거나 종이 시트를 덧붙여 두껍게 하여 사용한다.

3) 피막 양생제

콘크리트 양생에 사용되는 피막 양생제는 KS F 2540의 규정을 만족시키는 것이어야 하며, 일반적으로 다음 4가지형, 즉 1형 : 투명 또는 반투명, 2형 : 백색 안료 사용, 3형 : 담회색 안료 사용, 4형 : 흑색이 있으며, 피막 양생제는 굳지 않은 콘크리트 양생제로도 사용이 적합할 뿐 아니라, 거푸집 제거 후의 콘크리트 또는 초기 습윤 양생 후의 콘크리트 양생제로 사용이 가능하다.

피막 양생제는 경화된 콘크리트의 마감성이 중요한 경우, 후속공정으로 인하여 콘크리트에 소정의 접착 및 부착성능이 요구되는 경우, 또는 콘크리트 이어치기가 계획된 부위에는 사용하면 안 된다. 그러나 도색되는 면, 역청질 지붕 재료 또는 방수 재료를 부착시키는 면에는 KS F 2540의 요구 사항을 만족시키는 염화 고무 양생제 등을 사용할 수 있다.

피막 양생제는 블리딩에 의해 고인 물이 사라지는 즉시 슬래브 표면에 시공하고, 줄눈 상부는 피막 양생제가 침입하는 것을 방지, 또는 양생 기간 중 수분 손실을 방지하기 위해 잠정적으로 봉해야 한다.

피막 양생제는 사용하기 전에 잘 섞어 제조자가 추천하는 속도로 균일하게 도포해야 한다. 피막 양생제는 두 번의 연속 도막 작업으로 시공하고, 노즐 압력이 0.2~0.7 MPa이 되는 자동살포기를 이용하거나 손으로 바를 수도 있다. 각 회 도막은 각각 $5m^2/\ell$ 로 균등한 양을 도포하고, 두 번째 도막은 첫 번째 도막과 직각 방향으로 시공해야 한다. 피막 양생제를 시공한 후 3시간 이내에 강우에 노출된 콘크리트 표면은 같은 방법과 사용량으로 재시공해야 한다. 작업 면적이 크면 도포 속도와 균일한 분포를 위하여 동력살포기를 사용하는 것이 좋으며, 작업 속도는 사용된 피막 양생제 용기의 수나 살포용 형성제 탱크의 수를 기록하면 쉽게 알 수 있다.

피막 양생제는 습윤 콘크리트에 부착하고 소정의 비율로 사용하였을 경우, 연속된 밀착 박막을 형성한다. 건조되었을 때도 찢어지거나 구멍이 없어야 하며, 시험실 공시체에 대하여 사용 후 적어도 7일 동안 찢어지지 않는 피막으로 존속해야 한다. 또한 선택된 피막 양생제는 후속 작업인 도장, 지붕 재료, 방수재 또는 바닥 재료와 연계 시공이 가능해야 한다.

일부 유기수지형 액상 피막 양생제는 직접 햇빛을 받을 때, 자외선에 노출되어 시간이 지나면서 성능이 저하되기도 한다. 물이 있을 경우 피막 양생제의 소멸되는 속도는 빨라지며, 자기소멸 수지형 피막 양생제는 사용 후 어느 정도 시간이 지나면 분해되기 때문에 흙손 마감과 같은 후속 마감 작업이 있을 때 사용될 수 있다. 그러나 일부 이런 종류의 제품들은 내부나 그늘진 곳에서는 빠르게 소멸되지 않기 때문에 소멸에 의한 피막 양생제 제거를 기대하는 경우에는 사용하지 말아야 한다. 내부에 자기소멸 수지형 피막 양생제를 사용할 경우 물리적이나 화학적 방법으로 이를 제거하는 방법을 명시해야 한다.

피막 양생제는 효과를 극대화하기 위하여 최종마감 후 표면수의 반짝임이 사라진 직후에 도포해야 한다. 도포를 늦게 하면 수분 손실이 최고에 달하는 시점에서 표면이 건조될 수 있을 뿐 아니라, 액상 피막 양생제가 콘크리트에 흡수되어 도막을 형성하지 못할 가능성도 있다.

증발 속도가 콘크리트의 블리딩 속도보다 빠르면 블리딩이 계속 일어나는데도 불구하고 표면이 마른 것처럼 보일 수도 있다. 이러한 환경의 경우 콘크리트 마감을 하거나 피막 양생제를 도포하면 블리딩 수가 콘크리트 표면 아래에 갇힐 수가 있기 때문에 매우 위험하다. 현장에서 이러한 환경인지의 여부를 밝히는 것은 어려우며 마감이나 양생을 늦추는 것은 위험이 따른다. 이러한 경우에는 투명 플라스틱 시트로 마감과 양생이 완료되지 않은 콘크리트의 일부를 덮어 증발이 일어나지 않게 하여 시트 아래에 블리딩 수가 고이는지를 확인할 수 있다.

수분 증발이 잠시 정지되어 새로 타설한 콘크리트의 표면이 건조한 것처럼 보여 피막 양생제를 도포하였으나, 그 후 블리딩이 일어나면 도막에 그물형 균열이 발생하여 수분 유지 성능이 저하된다. 이러한 경우에는 피막 양생제를 다시 도포해야 한다.

탈형된 표면의 수분 손실 저감 목적으로 피막 양생제를 사용할 때에는 탈형 후 즉시 노출된 표면을 적시고 피막 양생제를 도포할 때까지 수분을 유지토록 해야 한다. 콘크리트는 표면 유리수 없이 균일하게 적시도록 하고 피막 양생제도 즉시 도포해야 한다.

2.5 양생의 최소 요구 조건

양생 기간 중에는 포화된 피복 재료가 마르거나 콘크리트 표면으로부터 물을 흡수하는 일이 없어야 한다. 소정의 수중 양생 기간이 끝나면, 콘크리트 표면이 균일하고 서서히 건조될 수 있도록 피복 재료는 충분히 건조된 후 제거해야 한다. 특히 동절기에 포화된 표면이 노출되어 동해를 입을 우려가 있으므로 수중 양생이나 습윤 양생을 제어된 속도로 천천히 종료해야 한다.

2.5.1 일반 사항

양생은 양생이 끝난 다음 적정 시간 내에 콘크리트의 요구 물성, 특히 강도나 탄성계수와 같은 역학적 물성, 낮은 투수성, 마모나 표면 박락에 대한 저항성, 초기 표면 흡수성, 동결 융해에 대한 저항성 등과 같은 내구성 관련 물성 등이 100 퍼센트 발현될 수 있다고 확신할 때까지 지속되어야 한다. 양생이 끝나고 콘크리트가 완전히 자연환경에 노출되면 역학적 또는 내구성 관련 물성의 발현이 멈출 수도 있다. 그러므로 얻고자 하는 물성에 도달할 때까지 계획적인 양생을 지속하는 것이 가장 좋은 방법이다. 강도가 주요 성능 지표일 경우에는 28일 설계 압축강도의 최소 70 퍼센트가 될 때까지 양생을 지속하는 것이 일반적이다(ACI 301 참조). 구조적 성능 때문에 강도나 기타 콘크리트 물성이 현장에서 특정값의 100 퍼센트가 달성되어야 한다는 요구가 있을 경우에는 시험으로 이러한 물성이 달성되었다고 확인될 때까지 양생을 지속해야 한다. 현장의 원주 공시체의 온도와 수분 함유량은 대량으로 타설되는 콘크리트의 그것과 다를 수가 있다. 그러므로 콘크리트 압축강도 추정을 위한 관입저항시험(KS F 2733), 인발강도시험(KS F 2732), 숙성도 시험(ASTM C 1074) 등에 따라 강도를 검증하는 것이 좋다.

2.5.2 양생 기간에 영향을 주는 인자

소요 강도와 내구성을 달성하기 위해 필요한 양생 기간은 시멘트계 재료의 구성과 입도, 배합비율, 골재의 특성, 화학 및 무기질 혼화 재료, 콘크리트의 온도, 콘크리트 수분 유지를 위한 양생 방법의 효율성에 따라 다르다. 이러한 여러 가지 요인 때문에 대상이 되는 특정 배합의 소요성능 수준을 달성하기 위해 필요한 최소 양생 기간을 정확히 말하기는 어렵다. 포졸란과 화학 혼화제를 사용 여부에 상관없이, 최소 7일간 양생하면 설계 압축강도의 약 70 퍼센트에 충분히 도달하는 것으로 알려져 있다. 그러나 내마모성이나 표면 흡수성이 이 기간 내에 충분히 도달하는지는 확실하지 않다. 특정 시멘트와 혼화 재료가 혼합되고 기온이 높으면 7일보다 짧은 양생으로도 충분하지만 재료의 조합이 다르거나 콘크리트의 온도가 낮으면 더 긴 양생 기간이 필요할 것이다.

일반적으로 특정 강도 또는 내구성이 시공 중 또는 사용 중 콘크리트 거동에 중요한 요구 조건이 될 경우에는 대상이 되는 콘크리트 배합에 대한 특성 실험에 근거하여 최소 양생 기간을 결정해야 한다. 어떠한 콘크리트 특성이 예상되는 사용 조건 하에서 중요한지를 판단하고, 이러한 특성에 도달하기 위하여 얼마 동안의 양생이 필요한지를 검증하기 위한 시험 계획을 수립하는 것은 설계자와 시방서 작성자의 책임이다.

온도, 습도, 강우 등의 자연적인 조합으로 콘크리트 표면수의 증발이 발생하지 않으면, 이러한 자연 조건이 유지되는 한 양생은 필요 없다. 그러나 대부분의 경우 이러한 조건은 매시간 또는 매일 변화되며, 소요 특성 발현에 필요한 시간 동안 지속되는 경우는 드물다. 그러므로 콘크리트를 수분 손실로부터 보호하는 것이 필요하다. 강도나 내구성에 대한 특정 값이 제시되어 있지 않고, 과거의 데이터도 없으며, 현장 검증 시험도 행해지지 않으면, 콘크리트 온도를 10 ℃ 이상으로 유지하고, 시방서에 제시된 권장 양생 기간을 적용해야 한다.

03 장

극한 환경에서 양생

3.1 일반 사항

콘크리트는 시멘트와 물의 수화반응에 의하여 강도가 발현되며, 이를 통해 소요의 요구 성능을 확보하게 된다. 특히 콘크리트 타설 후 양생 기간 동안 온도, 습도 및 외부충격 등 외부의 환경 조건은 경화된 콘크리트의 제반 성능에 커다란 영향을 미친다.

그런데 겨울철 빙점 이하의 저온 조건이나 여름철 혹은 증기 양생과 같은 고온 조건에 노출된 콘크리트는 양생 기간 동안 적절한 조치가 취해지지 않을 경우 소요 성능 발휘에 문제점을 유발시킬 수 있다. 즉, 저온 조건에서는 강도발현이 지연되고, 경화 초기에 빙점 이하의 외기에 노출되면 초기 동해에 따른 열화가 발생할 수 있으며, 반대로 양생 기간 동안 기온이 높은 경우에는 표면의 급격한 수분 증발에 의한 균열 및 온도균열의 발생 그리고 장기강도의 저하 등 위험성이 증가한다. 또한 극고온 조건에 해당하는 증기 양생 혹은 오토클레이브 양생인 경우에도 콘크리트는 양생 과정에서 균열이 발생할 수 있음에 주의해야 한다.

이러한 극한 환경에 노출된 콘크리트는 전술한 문제점을 방지하기 위하여 재료 선택, 배합 결정에 적절한 고려가 필요하며 아울러 양생 과정에서 온도 관리, 보양 방법, 습도 조절 및 시공 등에 충분한 조치가 요구된다. 따라서, 이 장에서는 한중, 서중 및 촉진 양생 조건 등 극한 환경 조건에 노출된 콘크리트의 양생 방법 및 주의점에 대하여 고찰하도록 한다.

3.2 한중 조건의 양생

3.2.1 한중 조건에서 양생 계획

날씨가 추워지면 굳지 않은 콘크리트는 적어도 네 가지 정도의 위험에 노출될 수 있는데, 먼저 콘크리트 표면에서 수분 증발 속도가 날씨가 따뜻할 때에 비하여 빠르고, 콘크리트의 온도가 급격히 낮아지면 콘크리트 공극의 공극수가 동결될 수 있다. 또한 콘크리트의 온도가 저하하면 시멘트의 수화반응이 지연되어 콘크리트 물성의 발현 속도가 늦어지게 되고, 양생 기간 종료 후 양생 재료를 제거하면 표면이 빠르게 건조되며 콘크리트 온도가 급속히 떨어져 균열의 위험이 있다.

따라서 이러한 한중 환경에 노출된 콘크리트는 전술한 위험을 방지하기 위해 별도의 양생 계획을 수립해야 하는데, 양생 계획의 요점은 콘크리트의 초기 동해 방지와 소정의 재령에 있어서 소요의 강도를 확보하는 것으로 이러한 양생은 초기 양생과 계속 양생으로 구분한다. 초기 양생은 한중 콘크리트에 있어서 반드시 필요한 양생으로서 콘크리트의 부어넣기 시기에 적절한 양생 계획과 양생 기간을 정하여 실시하고, 계속 양생은 초기 양생보다 낮은 온도로 실시하고 양생 방법은 초기 양생에 준하여 실시한다. 한중 콘크리트의 초기 양생 및 계속 양생은 공히 보온 양생 방법을 실시하는데, 보온 양생은 가열 보온 양생과 단열 보온 양생으로 구분한다. 한중 콘크리트 양생에는 다음과 같은 3단계를 고려하여 콘크리트를 보호해 주어야 한다.

① 초기 동해로부터 보호
② 자중 및 시공하중 등의 구조 안전적 측면에서 보호
③ 강도와 내구성 측면에서 보호

각각의 양생단계는 서로 겹치기 때문에 요구 조건이 무엇인지를 정확히 파악하는 데 혼란이 야기될 수 있다. 동결에 대비한 보호 기간의 결정은 콘크리트의 형태와 노출 정도에 따라 달라지는데 보의 초기 강도는 벽체나 바닥보다 더 중요하다. 열에 의한 균열을 무시하는 경우도 있으나, 대부분의 구조물에서는 무시할 수 없다. 그러므로 주요 구조물이나 예상치 못한 조건에서는 감독관의 지시에 의하여 시방서에 제시된 최소 보호 기간을 수정하여 다시 결정한다.

콘크리트의 양생 계획은 양생 온도와 기상청의 기상 통계 값에 의하여 외기온을 가정하고 이에 따라 배합계획을 수립한다. 즉, 소정의 온도와 습도를 예정된 기간을 유지하여 콘크리트가 소정의 성능을 얻도록 보온의 종류와 방법을 결정하고 준비하기 위하여 양생 계획을 세운다. 한중 콘크리트를 시공할 때 우선적으로 고려해야 할 사항을 정리하면 다음과 같다.

① 초기 양생은 반드시 실시하고, 초기 동해 방지를 위해 필요한 강도가 얻어지는지를 확인한다.

② 관리 재령에서 설계기준압축강도가 얻어지도록, 그리고 거푸집 제거를 위해 필요한 강도가 얻어지도록 초기 양생 및 계속 양생을 실시한다.

③ 구조물이 최종적으로 요구하는 강도, 내구성 및 수밀성 등의 소요 성능이 얻어지도록 한다.

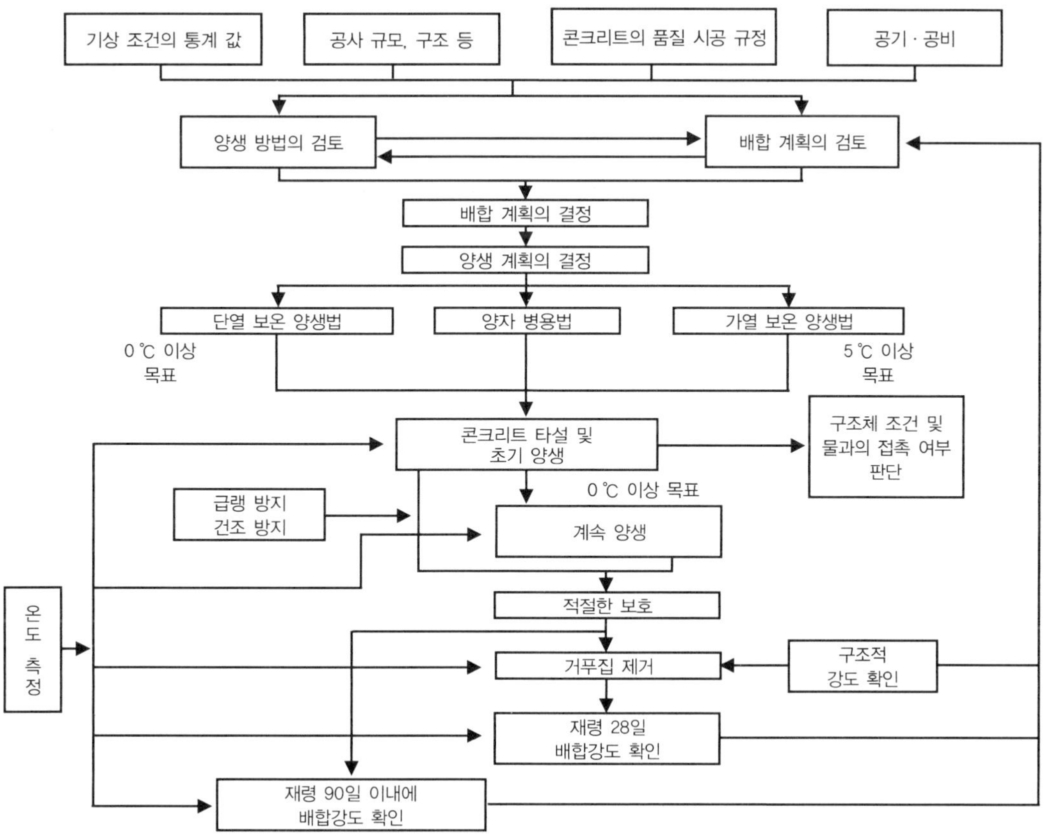

그림 3.1 **한중 콘크리트의 시공과 양생 계획의 관련도**

위의 검토 사항을 고려하여 보면 양생 계획을 결정하는 중요한 요인은 다음과 같이 요약된다.

① 기상 조건

② 구조물의 규모 및 형태

③ 콘크리트의 품질 및 시방서 규정

④ 공사기간

⑤ 공사비

3.2.2 한중 콘크리트의 초기 양생

1) 초기 동해 방지를 위한 초기 양생

한중 콘크리트를 시공할 때에는 최우선의 목표를 초기 동해 방지에 두어야 한다. 부어넣은 후 콘크리트가 수회의 동결 융해 작용에 견디기 위해서는 어느 정도의 경화가 필수적으로서, 경화의 정도는 한국콘크리트학회의 콘크리트 표준시방서에 따르면 표 3.1과 같이 단면두께 및 물과의 노출 정도를 고려하여 결정하고 있는데, 이 정도의 강도가 발휘될 때까지 콘크리트가 동결되지 않도록 초기 양생 기간에 단열 보온 양생 혹은 가열 보온 양생을 실시해야 한다.

참고로 표 3.1의 소요 강도를 얻기 위한 일수는 표준시방서에서 표 3.2와 같이 규정하고 있고, 최근 국내 연구 결과에 의한 일수는 표 3.3과 같이 제시된 바 있다. 한편, 일본건축학회의 경우 초기 양생 기간의 예상 최저 기온이 −3℃보다 높은 경우(경미한 동결기)에는 시트 등의 간단한 피복 양생만을 실시하여 3.5 MPa의 압축강도가 발현되면 초기 동해를 피할 수 있다고 언급하고 있고, −3℃ 이하로 되는 경우(동결작용기)에는 단열 양생이나 가열 양생 혹은 양자를 병용하는 방법을 택하여 5.0 MPa 이상의 압축강도가 발현될 때까지 양생을 실시하도록 규정하고 있다.

표 3.1 한중 콘크리트의 양생 종료 때의 소요의 압축강도의 표준(MPa)

구조물의 노출상태 \ 단 면	얇은 경우	보통의 경우	두꺼운 경우
(1) 연속해서 또는 자주 물로 포화되는 부분	15	12	10
(2) 보통의 노출상태에 있는 (1)에 속하지 않는 부분	5	5	5

표 3.2 소요의 압축강도를 얻는 양생 일수의 척도

구조물의 노출 상태 \ 시멘트의 종류		보통의 경우		
		보통 포틀랜드	조강 포틀랜드, 보통 포틀랜드+촉진제	혼합시멘트 B종
(1) 연속해서 또는 자주 물로 포화되는 부분	5 ℃	9일	5일	12일
	10 ℃	7일	4일	9일
(2) 보통의 노출상태에 있는 (1)에 속하지 않는 부분	5 ℃	4일	3일	5일
	10 ℃	3일	2일	4일

표 3.3 시멘트 종류 및 목표 강도별 초기 동해 방지 기간

시멘트 종류	압축강도 (MPa)	W/B (%)	양생 온도(℃)					소요 적산 온도(°D · D)
			0≤t<5	5≤t<10	10≤t<15	15≤t<20	20≤t	
보통 포틀랜드 시멘트	5	40	1.5	1.0	1.0	0.5	0.5	11
		45	2.0	1.5	1.0	1.0	1.0	18
		50	2.5	1.5	1.5	1.0	1.0	23
		55	3.5	2.5	2.0	1.5	1.5	32
		60	4.0	2.5	2.0	2.0	1.5	39
	10	40	3.0	2.0	1.5	1.5	1.0	26
		45	4.5	3.0	2.5	2.0	1.5	41
		50	4.5	3.5	2.5	2.5	2.0	56
		55	7.5	5.0	3.0	3.0	2.5	73
		60	9.5	6.0	4.5	4.0	3.5	92
	12	40	3.5	2.5	2.0	1.5	1.5	34
		45	6.0	4.0	3.0	2.5	2.0	53
		50	7.5	5.0	4.0	3.0	2.5	72
		55	10.0	6.0	4.0	4.0	3.5	95
		60	12.5	6.0	4.0	5.0	4.5	121
	15	40	5.0	3.5	2.5	2.0	2.0	48
		45	7.5	5.0	4.0	3.0	2.5	74
		50	10.5	7.0	5.5	4.5	3.5	101
		55	14.0	9.5	7.0	5.5	5.0	136
		60	18.0	12.0	8.5	7.5	6.0	177

초기 양생에서 단열 보온 양생 혹은 가열 보온 양생을 계획하는 단계는 초기 양생 기간의 기온이 평균적인 기온보다 낮은 기온이 계속된다고 가정하여 단열 성능 수준을 선택하거나 가열 설비를 계획하는 것이 바람직하다. 실제 시공할 때 콘크리트 타설 후의 기온이

가정된 온도보다 높다고 판단되는 경우에는 단열 양생의 정도 및 가열설비의 대수를 줄이는 것이 필요하다.

초기 양생이 완료된 후 계속 특별한 보온 양생을 하지 않는 경우 콘크리트 노출면은 시트 기타 적절한 재료로 덮어서 초기 양생 완료 후 2일 이상은 콘크리트의 온도를 0 ℃ 이상으로 보존한다. 보온 양생이 끝난 후 콘크리트가 급격히 냉각되지 않도록 해야 하는데, 이것은 콘크리트의 내외 온도차로 인해 일어나는 균열 방지에 필요하며 초기 재령의 콘크리트는 외기 조건에 극히 약하다는 것을 충분히 고려할 필요가 있기 때문이다.

2) 보온 양생

(1) 보온 계획

보온 양생은 시공 기간의 기상에 따라 가열 보온 양생 또는 단열 보호 양생 중 어느 한 방법을 택하든지 또는 상황에 따라 양자를 병행하도록 계획한다. 가열 보온 양생에 있어서의 보온 계획은 콘크리트 타설 후 가열 양생에 의해 콘크리트의 적산 온도가 필요한 값 또는 소정 재령에서 소요강도를 얻기에 필요한 값이 되도록 한다.

단열 양생에 있어서의 보온 계획은 콘크리트 타설 후 콘크리트가 0 ℃로 식을 때까지 얻어진 적산 온도가 초기 양생에 필요한 값 또는 소정 재령에서 얻기에 필요한 값이 되도록 한다.

(2) 가열 보온 양생

가열 보온 양생을 실시하는 경우 계획 양생 온도는 5 ℃ 이상을 권장하며, 가열 설비의 배치 등은 사전에 시험 가열을 행한 후에 정한다. 가열 중에는 콘크리트가 계획된 양생 온도를 유지하도록 자기기록온도계 등에 의한 온도 관리를 한다. 가열 보온 양생을 할 때에는 다음 사항을 원칙으로 한다.

① 가열 보온 양생을 실시하는 경우, 양생 온도는 5 ℃ 이상을 유지하는 것을 표준으로 한다.

② 양생실 내부의 공기는 온도차에 의한 환기와 실외부의 바람에 의한 환기가 있음을 고려해야 한다. 또한 가열하는 공간(Air-Volume)을 되도록 작게 계획한다.

③ 구조물 주위의 공기를 가열하여 콘크리트를 가열할 경우에 필요한 열량은 환기와 열관류에 의하여 손실되는 열량을 계산한다.

④ 콘크리트의 내부 또는 표면에서 가열하는 경우의 필요한 열량은 표면에서 열관류율에 따라 손실되는 열량을 고려해야 한다.

(a) 가열 보온 양생의 종류

외기온이 일반적으로 0℃ 이하로 될 우려가 있는 경우나 외기온이 수일에 거쳐 0℃ 이하로 될 우려가 있는 경우, 그리고 외기온이 일시적으로 −10℃ 이하로 예상되는 경우에는 외기온의 정도에 따라 가열 보온 양생을 채택하는 것이 바람직하다. 가열 보온 양생 방법을 분류하면 다음과 같다.

가열 방법
- 공간 가열 방법(효율 : 불량)
- 표면 가열 방법(효율 : 0.5 ~ 0.9)
- 내부 가열 방법(효율 : 1.0)

(b) 가열 보온 양생 방법의 요점

가열 보온 양생을 할 때의 요점을 정리하면 다음과 같다.

① 공간가열에서는 공간을 작게 하고 피복의 틈새는 작게 한다.

② 시험가열 외에 타설 당일은 가능한 한 타설 전부터 가열을 한다.

③ 상하 온도차가 발생할 수 있으므로 하부에 열풍이 순환하도록 한다.

④ 외벽, 외부기둥 하부는 가장 저온이 되기 쉬우므로 주의하고 아래층으로부터 가열한다(그림 3.3 참조).

⑤ 외벽의 내측, 최상층의 슬래브에 콘크리트를 타설할 때 투입되는 단열재는 그림 3.4의 좌측에서와 같이 내부에서의 가열로는 열이 차단되므로 외측으로부터 가열이 필요하다.

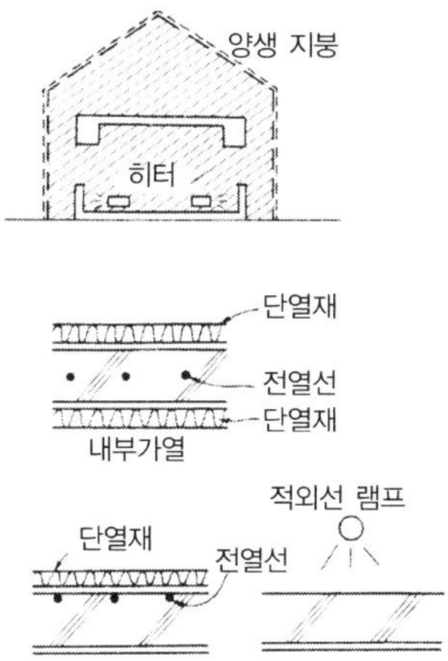

그림 3.2 가열방법의 종류

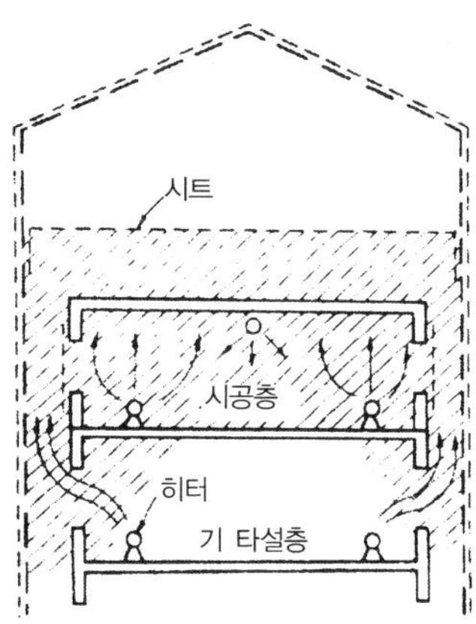

그림 3.3 외벽하부 가열의 예

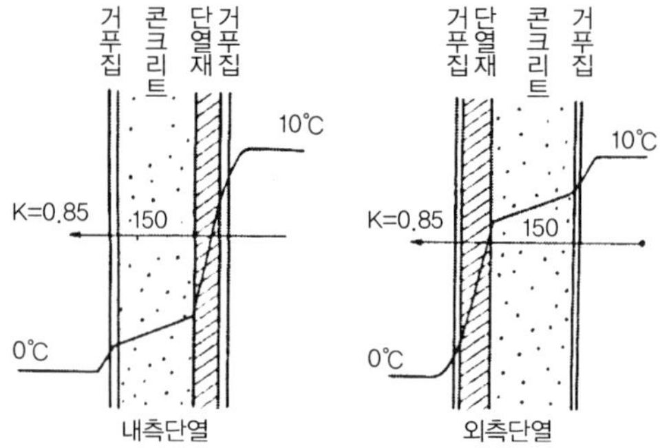

그림 3.4 **단열재의 위치 및 온도분포 예**

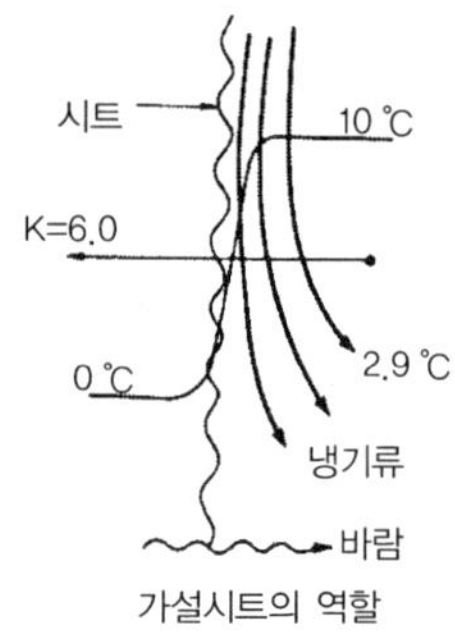

그림 3.5 **가설시트의 의의**

⑥ 증기 양생 이외의 가열은 건조하기 쉬우므로 보습에 힘쓴다.

⑦ 연소 가스는 인부와 콘크리트에 해로우므로 주의한다.

(c) 가열 보온 양생에 있어서 가열 열량의 계산 방법(일본건축학회 규정)

가열 양생에 있어서 양생실의 전열 및 환기에 의한 열 손실량은 다음의 식 (3.1), (3.2), (3.3)의 순서에 의하여 산정한다. 양생실의 전열에 의한 열손실량은 양생실의 상면, 측면, 저면의 각면에 있어서 열손실계수와 면적의 합으로 합산하고, 판정한 예상 평균 기온과 가열 목표 온도의 차이를 곱하여 1시간당 열 손실량을 구한다. 양생실 각 재료의 바람에 의한 열손실계수는 표 3.4에 의하여 산정한다.

① 양생실의 전열에 의한 열 손실량

$$Q_1 = \sum K_n \cdot S_n \tag{3.1}$$

여기서, Q_1 : 양생실의 전열에 의한 1시간당 열 손실량 (kcal/h)

K_n : 각 양생실 재료의 열손실계수 (kcal/m^{2}h℃)

S_n : 각 양생실 재료의 면적 (m^2)

② 양생실내 공기의 환기에 의한 열 손실량

$$Q_2 = 0.3\,N\,V \tag{3.2}$$

여기서, Q_2 : 양생실 내의 환기에 의한 1시간당 열 손실량

N : 환기 횟수 판정 방법으로부터 판정한 양생실 내부(건축물 내부) 공기의 1시간당 환기 횟수 (회/h)

V : 양생실 내부의 건축물을 포함한 공기 체적 (m^3)

표 3.4 보온 재료의 열손실 계수 (단위 : $W/m^2℃(kcal/m^2 ℃)$)

보온 재료의 표면 형상	열손실 계수	
	양생실내 (풍속 1 m/s)	양생실외 (풍속 3 m/s)
없음	17.4(15.0)	29.1(25.0)
합판거푸집 12 mm(습윤)	7.5(6.5)	8.0(6.9)
합판거푸집 12 mm(건조)	6.5(5.6)	7.0(6.0
얇은 철판 3 mm	10.0(8.6)	14.0(12.0)
시트	6.0(5.2)	7.0(6.0)
양생매트 10 mm(피복)	4.5(3.9)	5.0(4.3)
양생매트 10 mm(거푸집 포함)	4.0(3.4)	4.5(3.9)
단열재 50 mm+시트	1.5(1.3)	2.0(1.7)
단열재 100 mm	1.2(1.0)	1.5(1.3)
지반	2.9(2.5)	2.9(2.5)

③ 양생실의 전열, 환기에 의한 열 손실량

$$Q = (Q_1 + Q_2) \times (T_i - T_{me}) \tag{3.3}$$

여기서, Q : 양생실의 전열, 환기에 의한 1시간당 열 손실량 (kcal/h)

T_{me} : 초기 양생 기간의 예상 평균 기온 (℃)

T_i : 가열 목표 온도 (℃)

④ 환기 횟수 N을 구하는 방법

건축물 내부를 포함한 양생실 내부 공기의 환기 횟수를 계산하는 방법은 다음의 i)에서 vii)을 선택하여 식 (3.4)를 이용하여 환기 횟수를 구한다.

i) 기준 환기 횟수(N)

양생실의 최정상 개구부의 유무에 따라서 그림 3.6의 상부와 하부 중 사항을 선택한다. 다음으로 그림 3.6의 횡축에 있는 4개의 그림으로부터 가열 공간의 높이에 해당하는 그림을 선택한다. 횡축의 풍속은 해당 지역의 풍속을 기상청으로부터 구하여 결정한다.

그리고 그림 3.6 중 선택된 그림에서 양생 바닥 면적에 대응하는 곡선을 선택하여 횡축의 풍속과 교점으로부터 종축의 기준 환기 횟수 N을 구한다. 낮 동안은 후속 작업을 위하여 양생실의 천장 부위를 열고 야간에는 닫는 경우가 있다. 이러한 경우에는 기준 환기 횟수를 천장 부위를 연 경우와 그렇지 않은 경우로 구분하여 두 종류로 구한다. 천장면을 연 시간과 닫은 시간을 구분하여서 기준 환기수를 구한다.

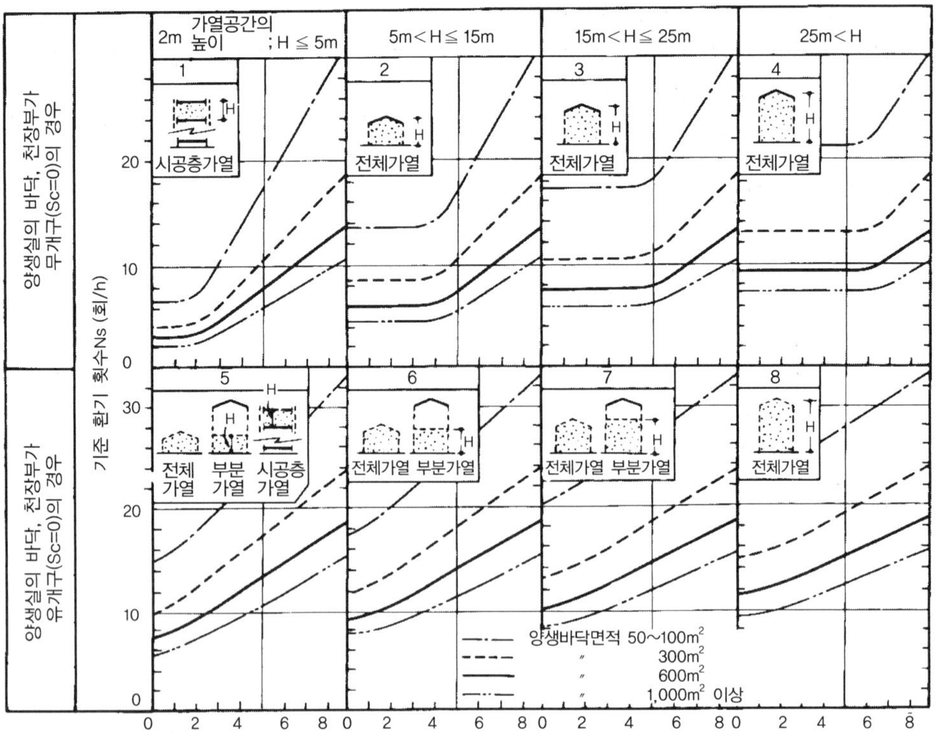

그림 3.6 기준 환기 횟수 곡선

표 3.5 가열과 상부 개구 상태에 의한 양생실의 분류

가열 공간 / 상부 개구 상태	전체 공간 가열 양생	부분 공간 가열 양생	시공층 공간 가열 양생
양생실 및 천장부가 무개구(S_c = 0)인 경우	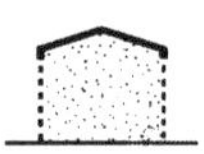	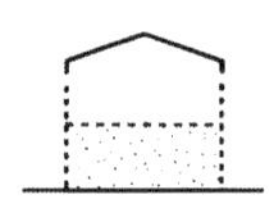	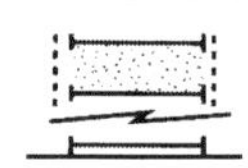
양생실 및 천장부가 유개구(S_c ≠ 0)인 경우	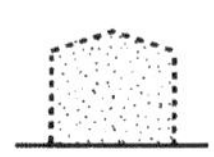		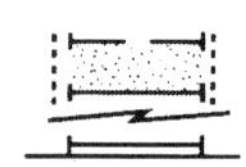

ii) 양생실의 분류

양생실의 가열 방법은 실 전체를 가열 양생하는 "전체 가열", 중간층에 수평으로 시트를 설치하여 공간을 작게 하여 가열 양생하는 "부분 가열", 콘크리트 타설층만을 가열 양생하는 "시공층 가열"의 3가지로 대별할 수 있다. 또한 상층의 바닥 및 천장의 개구 상태에 따라 다음과 같이 나눌 수 있다.

① 개구부가 없는 경우 (개구부가 없고 견고한 바닥구조물을 가진 상층 및 시공층의 가열 양생으로 무개구부 콘크리트 슬래브를 천장으로 하는 경우)

② 개구부가 있는 경우 (골조에 시트만을 붙이는 간편한 구조물의 상층 및 시공층 가열 양생으로 개구 상태인 것)

iii) 양생 덮개의 크기에 의한 보정계수 A

양생 덮개 크기에 의한 보정계수 A는 표 3.6에 의하여 산정한다.

iv) 양생 덮개 재료의 이음매 상태에 의한 보정계수 B

양생 덮개의 이음매 상태에 따른 보정계수 B는 표 3.7을 참조하여 산정한다.

표 3.6 양생 덮개의 크기에 의한 보정계수

양생 덮개 재료	양생 덮개의 크기		비고	보정계수
	ℓ_1	ℓ_2	$(1/\ell_1 + 1/\ell_2)$	A
건축용 시트	3.6 3.6 2.7 1.8 1.8 1.8 1.8	5.4 4.8 3.6 5.4 5.1 4.8 3.6	0.46 0.49 0.65 0.74 0.75 0.76 0.83	1.0 1.1 1.4 1.6 1.7 1.8
합판	0.9 0.6	1.8 1.8	1.67 2.22	3.6 4.8

주) ℓ_1 및 ℓ_2는 사각형의 단변과 장변의 길이(m)

표 3.7 양생 덮개의 이음매 상태에 의한 보정계수 B

이음매 상태	보정계수 B	틈새 폭	비고
양호	0.3	0 ~ 0.5	봉함 등에 의하여 공극이나 개구부가 없는 경우
	0.5	0.5 ~ 1.0	양생 덮개와 동일한 재료로 접합, 긴결이 양호한 공간 개구부가 없는 경우
보통	1.0	1.0 ~ 2.0	작은 공간이 있는 경우
약간 불량	1.5	2.0 ~ 3.0	긴결이 느슨한 개구부가 많은 경우
불량	3.0	3.0 이상	큰 공간이나 개구부가 많은 경우

표 3.8 양생 덮개의 평면 형상에 의한 보정계수 C

양생 덮개의 평면 현상	사무소, 상업빌딩 등이 많음			학교, 아파트 등이 많음	
변장비 x/y	1.0	2.0	3.0	5.0	7.0
보정계수 C	1.0	1.2	1.5	1.8	2.1

주) x와 y는 사각형의 장변 및 단변의 길이(m)

v) 양생 덮개의 평면 형상(변장비)에 의한 보정계수 C

양생 덮개 평면 형상의 경우 사각형으로 가정하여 표 3.8에 의하여 산정한다.

vi) 양생 덮개의 겹침과 이음매의 양호 상태에 의한 보정계수 D

양생 덮개의 겹침 상태와 이음매의 양호 정도 상태에 의한 보정계수 D는 표 3.9를 참조하여 산정한다.

vii) 환기 횟수는 기준 환기 횟수 N_s에 A, B, C, D의 보정계수를 곱하고, 해당 조건의 환기 횟수 N을 구한다.

$$N = N_s \times A \times B \times C \times D \tag{3.4}$$

여기서, N : 환기 횟수(회/h)

A : 양생 덮개 크기에 의한 보정계수

B : 양생 덮개의 이음매 상태에 의한 보정계수

C : 양생실의 평면형(변장비)에 의한 보정계수

D : 양생 덮개의 겹침과 이음매의 양호 상태에 의한 보정계수

표 3.9 양생 덮개의 겹침과 이음매의 양부 상태에 의한 보정계수 D

구 분	외부 양생 덮개의 종류	내부 양생 덮개의 이음매 상태	보정계수 D
한 겹 양생 덮개	시트 또는 합판	–	1.0
2중 양생 덮개	시트	양호	0.7
		보통	0.8
		비교적 불량	0.9
		불량	1.0
	합판	양호	0.6
		보통	0.7
		비교적 불량	0.8
		불량	1.0

(3) 단열 보온 양생

(a) 단열 보온 양생의 개요

단열 보온 양생은 콘크리트가 계획된 온도를 유지하며 국부적으로 차가워지지 않도록 단열재 또는 단열재를 병용한 거푸집의 두께를 적절히 정한다.

단열 보온 양생은 저온, 바람, 눈으로부터 콘크리트를 보호하고, 계획된 양생 온도를 유지하며, 방열을 적게 하기 위하여 단열에 의해 초기 양생에 필요한 적산 온도와 강도가 얻어지도록 하는 양생법으로 계속적인 보호 양생법으로서는 이 방법이 많이 사용된다. 이 방법은 외기온이 매우 낮지 않은 경우나 매스 콘크리트 등에서는 간단한 단열재를 써서 단독으로 행해지지만, 외기온이 일시적으로 0 ℃ 이하로 예상되는 경우에는 가열 양생법과 병용하는 예가 많다.

참고로 일본건축학회에서는 단열 보온 양생의 경우 콘크리트 타설 후 부재가 0 ℃ 이하로 될 때까지 초기 양생에 필요한 강도를 얻는 데 요구되는 적산 온도를 표 3.10 및 표 3.11과 같이 제시하고 있다.

단열 보온 양생은 외기온이 낮은 경우, 열관류율이 작은 단열 재료를 사용하지 않으면 그 목적을 이룰 수 없다. 외기온이 그다지 낮지 않은 경우에는 시트(sheet) 등으로 피복하는 것이 좋지만 시트는 단열재가 아니라 양면에 접하는 얇은 공기층이 열관류를 약간 감소시키는 정도이다.

시트의 주된 효과는 바람에 의한 콘크리트의 수분 증발을 막으며, 증발의 잠열에 의한 냉각 방지에 있다. 단열재를 병용한 거푸집이 유효한데, 현재는 아직 그 사용 예가 거의 없지만 앞으로는 어느 정도 보급될 것으로 판단된다. 단열 보온 양생의 경우, 동일 구조물에서도 부재나 단면 치수에 따라 열손실이 다르므로 균등한 냉각은 이루어지지 않는다. 따라서 냉각되기 쉬운 부분을 기준으로 단열재의 두께를 결정한다. 이 경우에는 콘크리트 내부에 매설이 가능하고 몇 곳의 온도를 연속적으로 기록할 수 있는 열전대식 온도 기록계를 이용하여 품질을 관리하는 것이 바람직하다.

표 3.10 목표 강도 5 MPa의 적산 온도(°DD)

호칭 강도	21	24	27	30	33	36	40
보통 포틀랜드 시멘트	59	54	50	47	44	42	39
조강 포틀랜드 시멘트	39	37	35	34	33	32	31
고로 슬래그 B종	107	95	84	76	70	64	59
플라이 애쉬 B종	70	64	59	54	51	48	45

표 3.11 목표 강도 3.5 MPa의 적산 온도(°DD)

호칭 강도	21	24	27	30	33	36	40
보통 포틀랜드 시멘트	46	43	40	38	36	35	33
조강 포틀랜드 시멘트	33	32	31	30	29	29	28
고로 슬래그 B종	74	67	61	56	51	48	45
플라이 애쉬 B종	53	50	45	44	41	40	38

(b) 단열 보온 양생법의 요점

① 열 손실계수가 작은 재료를 선택한다. 굳지 않은 콘크리트와 접하여 흡수하는 재료는 방수성이 강한 시트 등으로 절연한다.

② 바람이 불 경우 열손실 계수의 증대를 고려한다.

③ 틈이 없도록 하기 위하여 접합부는 서로 겹치게 하는 것이 좋다.

④ 물-시멘트비, 시멘트의 종류 등을 검사하여 부배합으로 하고, 타설 온도도 규정값보다 높게 하며, 0 ℃로 차가워질 때까지 얻어지는 적산 온도 M을 크게 한다.

⑤ 우각부, 돌출부, 슬래브 등 차가워지기 쉬운 부분의 보온에는 특별한 주의를 하고, 온도를 측정하여 소요의 적산 온도 값이 얻어지지 않는다고 판단될 경우에는 양생 기간의 연장이나 가열 보온 양생을 병용한다.

(c) 단열재

보온을 위한 단열재는 열전도율이 작고 흡수성이 작은 재료가 좋지만, 가설재이므로 다음 사항을 고려하여 결정한다.

① 적정 가격으로서 해당공사나 이외의 공사에 전용이 가능해야 한다.

② 운반, 취급, 그리고 제거가 용이해야 한다.

③ 파손되기 어려운 재료이어야 한다.

한편, 굳지 않은 콘크리트와 접하는 거푸집이나 각종 보온을 위한 재료는 습윤 상태이므로 열전도율이 크게 된다. 즉, 거푸집용 합판의 경우 열전도율은 약 15 퍼센트가 증가하고, 목모 시멘트판의 경우는 50 퍼센트가 증가한다. 반면, 발포수지판의 열전도율 증가는 비교적 작다. 그러므로 방수성이 강한 시트 등으로 물과 절연시키는 것이 좋다. 바람은 열전도율을 증대시키며, 또한 열전도율은 표면의 평활도에 의해서도 변화한다.

일반적으로 단열재는 강재 거푸집의 외부에 부착하는 것을 원칙으로 하고, 강재 거푸집 자체의 단열 효과는 생각하지 않는다. 단열값은 열이 가장 잘 흐를 수 있는 하나의 방향만 고려하고, 두 방향에서는 열손실이 없는 것으로 가정하는데, 실제로 먼 방향의 열손실은 가까운 곳에 비하여 무시할 수 있다. 실제로 최대 열손실은 벽체의 모서리에서 생긴다. 그리고 저열 포틀랜드 시멘트에서는 보통 포틀랜드 시멘트에서 사용하는 단열재 두께보다 30 퍼센트 정도가 더 필요하다.

(d) 단열재의 종류 및 특성

일반적으로 시멘트가 경화할 때에 발생하는 대부분의 수화열은 타설 후 처음 3일 동안에 발생하므로 콘크리트 내부에 이 수화열이 충분히 보존되면 외부로부터 열공급은 사실상 필요가 없다. 이 수화열은 거푸집이 없는 콘크리트 표면 위에는 단열포를 깔아주거나, 또는 다른 보호 수단으로 열을 보존시키고, 거푸집이 있는 경우는 단열 거푸집을 사용하여 열을 보존시킬 수 있다. 다음은 단열 보온을 위하여 사용될 수 있는 단열재의 종류 및 특성을 나타낸 것이다.

① 발포성 폴리스티렌 시트

이 재료는 알맞게 잘라서 거푸집의 틈 사이에 끼우거나 또는 아교칠을 하여 거푸집에 붙인다.

② 발포성 우레탄

이 단열재는 거푸집 외부에 우레탄을 계속적으로 뿌려 단열층을 만드는 것으로 방수성을 증진시키고, 자외선 침투를 막기 위하여 내후성이 좋은 에나멜을 우레탄에 섞어서 뿌리는 경우도 있다. 그러나 이 우레탄이 불과 접촉하면 고약한 냄새를 발생시키므로 주의를 기울여 사용해야 한다.

③ 발포성 비닐 담요

이것은 연성이 있는 거품 형태의 비닐 담요 형태로서 열공급을 증대시키기 위하여 담요 안에 전선을 삽입할 수도 있고, 사용이 편리하게 표준 폭의 롤로 제작하는 것이 가능하다.

④ 광섬유 혹은 셀룰로오스 섬유

일반적으로 광섬유나 셀룰로오스 섬유는 롤 단위나 매트 단위로 대형 폴리에틸렌 용기 속에 넣어 사용한다.

값이 비싼 담요 형태나 솜형 단열재를 효과적으로 사용하기 위해서는 방습 커버로서 보호하는 것이 효과적이고, 이로 인하여 단열에 지장을 주는 바람, 비, 눈으로부터 담요 형태나 단열재가 보호된다. 방습 외피의 입자 조직이 치밀하면 물에 젖지 않기 때문에 매우 좋다. 또한 단열 효과를 높이기 위해서는 단열재를 콘크리트 표면 및 거푸집 표면에 가능한 가깝게 설치하는 것이 효과적이다.

⑤ 기포 시트에 의한 단열 양생

기포 시트에 의한 단열 양생은 한중 조건에서 기초 상부 및 슬래브 콘크리트 타설 후 단열 보온 양생에 이용되는 양생 시트로써, 독립된 공기층에 의해 보온, 단열의 효과를 발휘한다. 기포 시트는 타설된 콘크리트 표면에 밀착됨으로써 콘크리트 내부에서 발생하는 수화열의 발산을 억제하여 초기 동해를 방지하고, 수분 증발을 억제하여 소성수축 균열의 방지 및 강도를 증진할 수 있는 단열 보온 양생 공법이다(그림 3.7 참조). 실무 현장에서는 일 최저 기온 −5 ℃ 이상일 경우 2중 기포 시트만으로도 양생이 가능하며, 그 이하로 떨어질 때에는 가열 보온 양생을 겸용하여 실시한다. 사진 3.1은 각종 공사 현장에서 단열 보온 양생 공법의 적용 사례를 보여주고 있다.

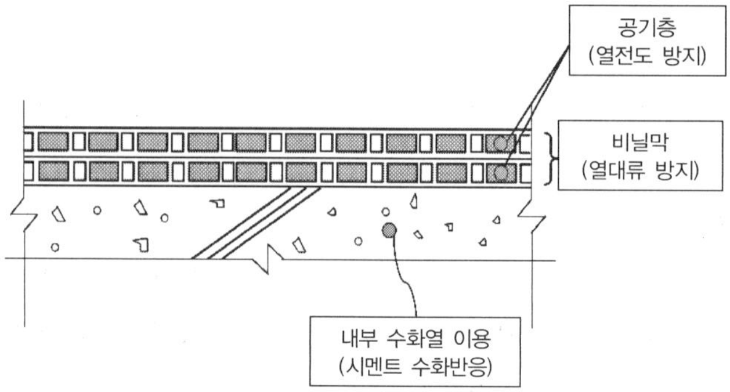

그림 3.7 기포 시트의 단면 및 공법의 개념도

건축 공사 현장의 단열 양생 사례

도로포장 공사 현장의 단열 양생 사례

사진 3.1 단열 보온 양생 공법 사례

3.3 서중 양생

3.3.1 초기 양생 관리

서중 환경의 콘크리트 양생은 환경 조건과 콘크리트 상태에 따라 가능한 습윤 상태를 유지하는 것이 중요하다. 더욱이 급격한 건조, 과도한 고온, 급격한 온도 변화 및 과도한 통풍은 콘크리트에 악영향을 미친다. 따라서 과도한 수축 및 균열의 발생을 억제하고 내구성 및 강도의 감소를 방지하기 위하여 타설 후 적어도 24시간 동안 노출면이 건조하는 일이 없도록 살수 또는 양생포 등을 덮고 습윤 상태를 유지해야 하며, 적어도 5일 이상 양생하는 것이 바람직하다.

미국의 경우에는 적어도 7일 이상의 습윤 양생을 권장하고 있다. 특히, 건조가 일어날 염려가 있는 경우에는 거푸집까지도 습윤 상태로 유지해야 하며, 거푸집을 탈형한 후에도 양생 기간 동안은 습윤 상태로 유지하도록 한다.

3.3.2 양생 방법

양생포를 덮었다고 급수를 하지 않으면 급격한 수화 진행에 의하여 표면이 건조하여 균열이 생길 수도 있다. 따라서 24시간 이후에도 습윤 양생을 하는 것이 바람직하며, 거푸집에 살수하거나 거푸집을 제거한 면에도 살수하는 등의 조치가 필요하다. 결론적으로 서중 콘크리트 양생의 주안점은 콘크리트 표면의 건조를 막는 일이므로, 타설 후에도 5일 이상 살수 등으로 습윤 양생을 한다.

현장에서 가장 적절한 양생 방법으로는 비닐포를 먼저 덮고, 그 위에 일광 차단용 양생포를 덮은 후 살수를 병행하는 것이 효과적이다. 참고로 한중 콘크리트용 기포 시트에 알루미늄 증착 필름을 조합한 양생 시트를 서중 콘크리트에 적용한 경우 열 및 직사 일광 차단 효과로 인하여 초기에 외기온과 유사하거나 약간 낮은 온도 이력을 보이고 있으며, 이로 인한 소성수축 및 건조수축 균열 방지에 효과가 있는 것으로 판단된다(그림 3.8 참조).

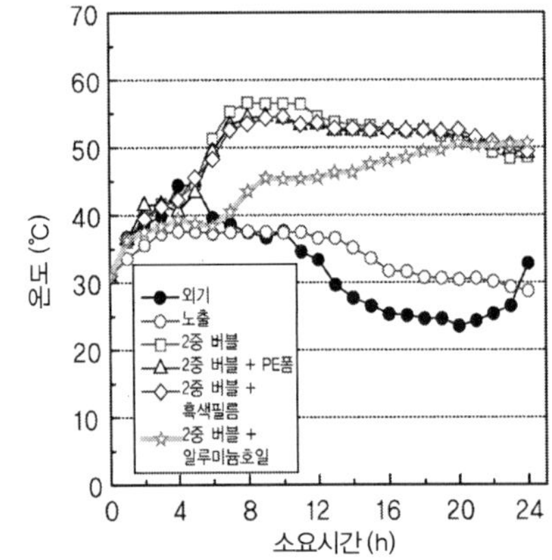

그림 3.8 **양생 재료별 슬래브 상부 표면 온도 이력 변화**

한편, 넓은 면적의 슬래브에 살수 또는 시트 양생 등이 곤란한 경우에는 피막 양생을 실시하는 것이 필요하다. 피막 양생제는 일광의 직사로 인한 열 흡수가 적은 제품을 사용해야 한다. 그러나 이 경우에도 수분 증발률이 1.0 $kg/m^2/h$ 이상일 경우에는 소성 수축 균열이 발생할 수 있기 때문에 사전에 충분히 검토해야 한다(그림 3.9 참조).

3.3.3 균열 관리

콘크리트 타설 후 1일까지는 보행을 금지해야 하며, 3일까지는 진동, 충격 등을 가하지 않도록 한다. 또한 콘크리트의 경화가 진행되지 않는 시점에서 갑작스런 건조로 인하여 표

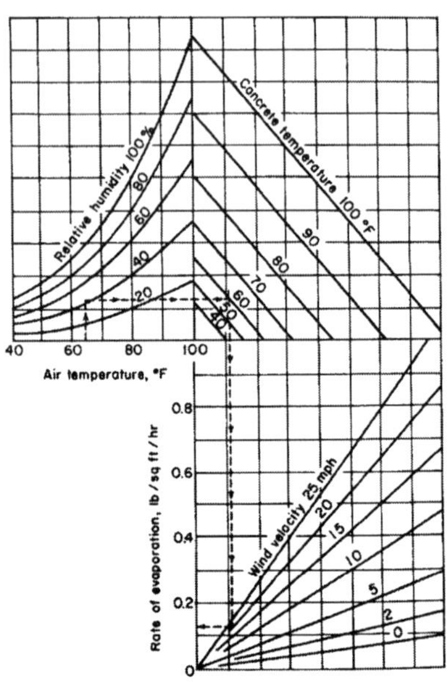

그림 3.9 **공기 온도, 상대습도, 콘크리트 온도, 풍속과 수분 증발 속도 관계**

면 균열이 발생할 경우에는 즉시 재진동 다짐 또는 탬핑을 실시하여 발생한 균열을 제거해야 한다.

3.4 촉진 양생

3.4.1 상압 증기 양생

증기 양생은 일반적으로 4개의 과정으로 이루어진다. 먼저, 첫째 과정은 전치 기간이라 하며 콘크리트를 성형한 후 증기에 노출시킬 때까지의 기간을 말하고, 두 번째 과정은 가열 기간이고, 세 번째 과정은 양생 기간 그리고 마지막 과정은 냉각 기간으로 구분된다. 그러나 실제의 증기 양생은 이들 모든 과정을 반드시 포함하지는 않는데, 추가양생 없이 성형 후 바로 증기 양생을 하는 경우가 많다.

이렇게 증기를 콘크리트에 노출시킨 후 습윤 상태로 가열하여 콘크리트의 경화를 촉진시키는 양생이 대기압에서 행해지기 때문에 상압 증기 양생이라 하며, 조적블록, 파이프, 프리스트레스 보, 벽 패널과 같은 콘크리트 2차 제품의 제조에 이용된다.

일반적으로 콘크리트의 양생 온도가 높아지면 강도증진 속도가 빨라지므로 고온 조건이 되는 증기 양생 조건에서는 급속하게 증진된다. 증기압이 대기압일 때, 즉 온도가 100℃ 이하인 조건에서 증기 양생의 효과는 습윤 양생의 특수한 경우로 생각할 수 있다. 증기 양생은 각종 포틀랜드 시멘트를 사용한 경우 긍정적인 효과를 발휘하지만, 알루미나 시멘트를 사용한 경우 고온 습윤 조건에서 시멘트의 강도에 악영향을 주기 때문에 이용해서는 안 된다. 물-시멘트비가 낮은 콘크리트는 빈배합의 콘크리트보다 증기 양생의 효과가 큰 것으로 알려져 있다.

증기 양생을 실시하는 가장 큰 목적은 콘크리트를 타설한 후 가능한 빨리 제품을 취급할 수 있도록 조기에 고강도를 얻는 것이다. 즉, 증기 양생을 실시할 경우 거푸집의 탈형이나 프리스트레싱용 제작대로부터의 철거 등이 보통의 습윤 양생보다는 빠르고 소요의 양생과 보관 공간을 작게 할 수 있는 등 여러 면에서 경제적으로 이점이 있다. 그런데 증기 양생이 사용되는 대부분의 경우 장기강도는 크게 고려되지 않는 프리캐스트 제품에 사용된다. 단, 경화 초기단계에서의 온도는 후기 재령에서의 강도에 영향을 미치게 되므로 조기 고강도뿐만 아니라 장기 고강도도 얻을 수 있는 절충된 온도를 선정할 필요가 있다.

그림 3.10은 증기 양생 조건에서 중용열 포틀랜드 시멘트를 사용한 콘크리트의 양생 온도에 따른 강도 증진을 나타낸 것으로, 이때 증기 양생은 타설 직후에 한 것이다. 증기 양

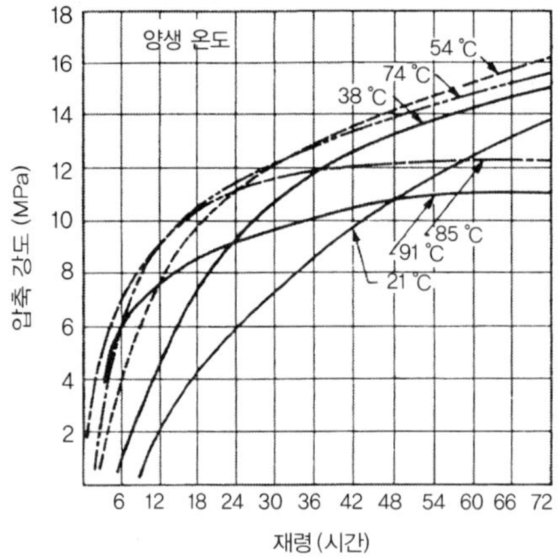

그림 3.10 **증기 양생한 콘크리트의 양생 온도별 강도증진(물-시멘트비=50%, 타설 직후부터 증기 양생 적용)**

생의 최고 양생 온도는 40~100 ℃ 정도가 적당한데, 최적의 양생 온도는 65~85 ℃ 정도로 알려져 있다. 궁극적으로 증기 양생에서 최적의 양생 온도는 강도증진 속도와 최종강도를 고려하여 결정해야 하는데, 이는 적용방법에 따라 다르게 된다. 또한 증기 양생 개시시의 온도 상승 속도가 문제시 될 수 있는데, 콘크리트를 비빈 후 약 2~3시간 내에서 49 ℃로 한다든지 6~7시간 미만에서 99 ℃로 높게 올린다든지 하면 최초의 수 시간 이후의 강도증진에 나쁜 영향을 주게 되므로 타설 후 온도의 급상승은 피해야 한다.

온도의 급상승에 의한 나쁜 영향은 물-시멘트비가 높을수록 크고, 보통 포틀랜드 시멘트보다 조강 포틀랜드 시멘트 쪽이 현저하다. 또 급히 가열시킨 양생은 실온에서의 습윤 양생한 콘크리트에 비하여 장기강도가 1/3 정도 저하할 때도 있다.

한편, 100 ℃ 정도까지의 온도에 노출된 콘크리트는 이후 상온조건의 습도에 노출될 경우 성능이 저하될 수 있는데, 이러한 성능 저하는 지연된 에트린가이트 반응에 의한 것이다. 시멘트의 응결시간 조절을 위하여 혼입되는 석고의 SO_3 성분이 수화단계의 고온환경에서 안정적인 수화물로 변환되지 못하고 경화 콘크리트 내에 잔류하다가 수분과 반응하여 뒤늦게 에트린가이트를 생성하게 된다. 콘크리트 조직의 주요 취약부인 골재-수화물계면에서 에트린가이트가 생성되며 팽창압에 의해 콘크리트에 균열이 발생한다. 이러한 현상은 SO_3와 Al_2O_3가 0.5를 초과할 때 주로 발생한다.

Saul은 콘크리트의 온도상승 속도가 앞서 기술한 값을 초과하지 않을 경우 그 강도는 표준양생한 콘크리트의 강도와 거의 다르지 않고, 그림 3.11에서 A구역의 범위에 들어갈 것이라고 보고하고 있다. 반면에 급속히 가열시킨 콘크리트의 강도는 같은 그림의 B구역에 들어갈 것으로 보고하고 있다. 즉, 장기 재령에서의 강도에 더욱 영향을 미치는 것은 응결시의 온도로서, 증기 양생의 개시 시점을 지연시키는 것이 유효할 것으로 판단된다.

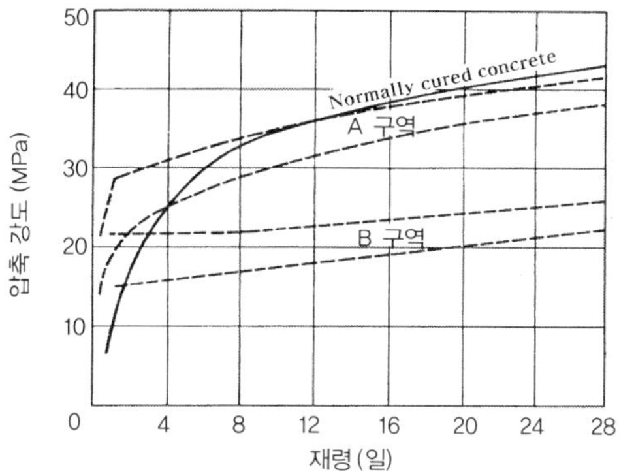

그림 3.11 **재령에 따른 증기 양생 콘크리트의 강도 발현 (물–시멘트비=50%, 조강 포틀랜드 시멘트)**

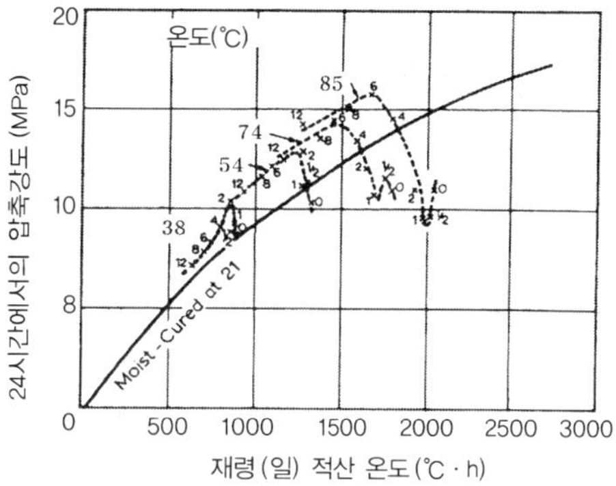

그림 3.12 **적산 온도에 따른 초기 강도 발현에 미치는 증기 양생의 전양생 시간의 영향**(그림에서 작은 숫자는 지정 온도로 양생하기 전의 전양생 시간을 말한다.)

그림 3.12는 강도에 미치는 전양생의 영향을 Shideler와 Chamberlain의 실험결과를 바탕으로 Saul이 나타낸 것이다.[9)]

실험에 사용된 시멘트는 중용열 포틀랜드 시멘트이고, 물-시멘트비는 60 %이다. 실선은 실온에서 습윤 양생한 콘크리트의 적산 온도에 대한 강도증진 상태를 나타낸 것이고, 점선은 38 ~ 85 ℃의 여러 양생 온도에 관한 것으로서 각 점의 숫자는 고온양생 전의 전양생 시간을 의미하고, 가열은 그 직후에 급속히 한 것이다. 이 그림으로부터 양생 온도 각각에 대하여 적산 온도에 따른 정상적인 강도증진 경사를 표시하는 곡선 부분이 있는데, 즉 충분한 전양생을 하면 급속한 가열에서도 불리한 영향을 받지 않는다. 이 전양생 시간은 38, 54, 74 및 85 ℃에 대하여 각각 근사적으로 2, 3, 5, 6 시간이다. 그러나 각 점선곡선 부분의 우측에 표시된 바와 같이 짧은 전양생 시간으로 콘크리트를 고온에 노출시키면 강도에 불리한 영향을 주며, 양생 온도가 높을수록 그 영향은 커진다.

실제의 양생 사이클은 조기와 장기의 소요강도를 고려해서 선정해야 하지만 실효시간(작업시간)에 의하여 좌우되며, 경제적으로는 소정의 콘크리트 배합에 양생 사이클을 맞추는 편이 좋은가 그 반대로 증기 양생에 알맞은 배합을 택하는 편이 좋은가에 따라 결정된다. 최고 양생 사이클의 상세한 시간과 온도상승 관계는 콘크리트 제품의 종류마다 다르지만, 대표적인 사이클은 그림 3.13 에 나타내었다. 즉, 그림 3.13 에서 볼 수 있듯이 콘크리트 성형후 20 ℃ 전후의 온도로 3 ~ 5 시간의 전양생 시간을 갖는데, 전양생을 위한 최적시간은 2~6 시간으로 알려져 있다. 다음으로 22 ~ 23 ℃/h의 속도로 최고 온도 66 ~ 82 ℃까지 가열을 실시하되, 만일 전양생 과정이 생략되어 있는 경우 상승 속도는 11 ℃/h를 넘지 말아야 한다. 일반적으로 상승 속도는 경제성과 공기에 문제가 되지 않는 범위에서는 가능한 낮게

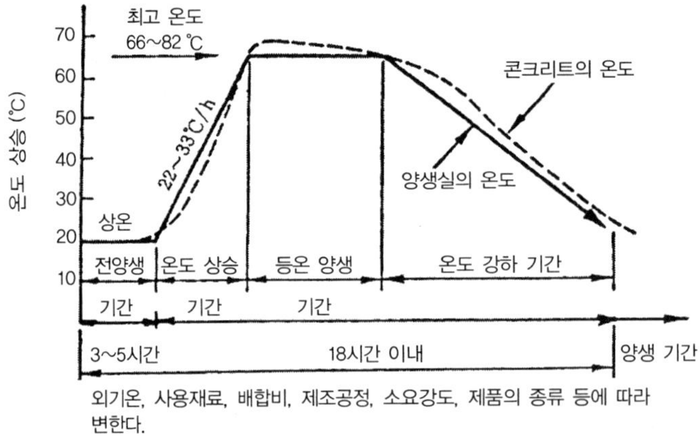

그림 3.13
증기 양생의 양생 사이클

유지하는 것이 바람직하다. 콘크리트를 최고온도에서 유지시키는 기간은 양생 기간 동안의 강도증진 정도에 따라 결정될 수 있는데, 이는 적산 온도와의 관계로 유추할 수 있다.

최고 온도를 계속 유지시키면서, 경우에 따라서는 이후의 가열을 중단하고 콘크리트를 잔여열과 수증기 속에서 습윤 상태로 유지시킨다. 마지막은 냉각 기간으로서 모든 양생 사이클(전양생은 제외)은 18시간 이내가 바람직하다. 양생 종료 후의 경화콘크리트는 굳지 않은 콘크리트보다 온도충격에 약하므로 냉각 속도는 가열 속도만큼 엄격하게 하지 않는 것이 좋고, 바람직한 냉각 속도는 22~33 ℃/h 정도가 된다.

한편, 경량골재를 사용한 콘크리트는 82~88 ℃까지 가열해도 좋지만, 최적의 양생 사이클은 보통골재 사용 콘크리트와 같게 한다. 전술한 방법에 의한 증기 양생을 실시하면 소요강도의 60~70% 정도의 값이 얻어지게 되는데, 그 후 수중, 습윤 및 기건 등의 조건으로 후기 양생을 한다.

지금까지 기술한 온도는 증기의 온도이지만 제조하는 콘크리트 자체의 온도와는 조금 다르다. 즉, 콘크리트를 타설한 후 1~2시간 사이에서 콘크리트 온도는 양생실 내의 실온보다는 좀 낮지만 점차 상승하게 되며, 얼마 후 수화열에 의하여 주위의 온도보다 높아진다. 최고 온도까지 올린 후 증기를 빨리 중지시켜 냉각 기간을 연장시키면 양생실 내에 축적된 열을 최대 한도로 이용할 수 있다. 이와 같은 효과적인 양생계획에는 완만한 온도 상승 기간, 최고 온도 기간 및 냉각 기간이 포함된다. 양생 중 콘크리트 내부의 온도 이력은 표면의 온도 이력과 다르다. 중앙부의 온도 상승은 늦지만 냉각 속도 역시 느리게 된다. 또한 온도-시간곡선으로 둘러싸인 면적은 콘크리트 내부와 표면과는 거의 같고, 콘크리트 모든 부분의 적산 온도는 같다. 이와 같은 사실은 Ross에 의하여 입증되었으며, 그림 3.14

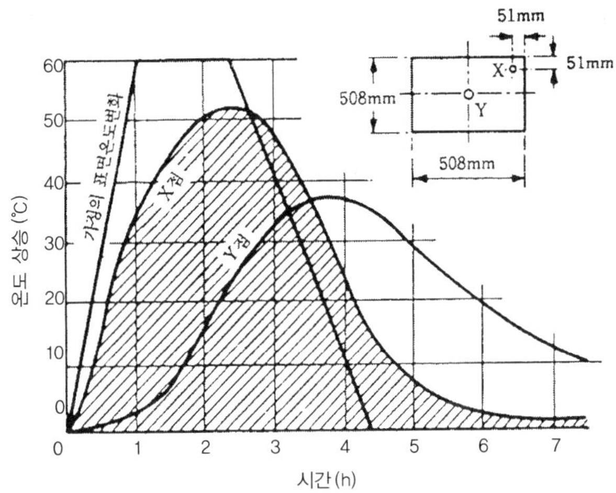

그림 3.14 Ross에 의한 전도 속도 0.0037m^2/h의 콘크리트에 대한 2차원 열전도의 예(계산에 의함)

는 표면 온도가 변하는 긴 콘크리트 공시체의 수화열 효과를 무시하여 계산한 온도-시간곡선을 나타낸 것이다.[11)]

즉, 콘크리트를 고온으로 양생할 때는 시멘트의 수화열이 급속히 발생하여 작은 공시체라 하더라도 온도가 상승하게 된다. 한편, 상온의 양생에서 수화열의 영향은 매스 콘크리트 구조물의 경우에서만 현저하게 나타난다.

다른 양생 방법으로는 철근 또는 콘크리트에 전류를 직접 통하게 하는 전기적 가열법이 있으나, 일반적으로 비경제적이다. 직류로 하면 시멘트 페이스트의 가수분해가 생기기 때문에 전류는 교류로 할 필요가 있다. 온도는 최고 80 ℃까지로 하고, 약 10 ℃/h로 천천히 상승시키면 된다. 수 시간의 최고 온도 기간을 두고 천천히 냉각시킨다. 또 다른 방법으로는 콘크리트 슬래브를 적외선 조사 장치를 갖춘 터널 내를 천천히 통과시켜 적외선을 쪼여 양생시키는 방법도 있다. 이때 어떤 방법이든지, 중요한 것은 콘크리트를 과도하게 건조시키는 것은 피해야 한다.

3.4.2 고압 증기 양생

이 방법도 증기로 양생하는 방법이지만, 만들어진 제품의 성질은 상압 증기 양생과는 완전히 다르다. 대기압을 초과하는 압력이 필요하기 때문에 양생실은 수증기를 공급할 수 있는 압력 용기 형식으로 할 필요가 있다. 즉, 과열된 증기가 콘크리트와 접촉해서는 안 되기 때문에 여분의 물이 필요하다. 이와 같은 용기를 오토클레이브라 하고, 고압 증기 양생을 오토클레이브 양생이라고도 한다.

고압 증기 양생은 규산 석회 벽돌 제조에 처음으로 이용되어 현재도 같은 용도에 널리 이용되고 있다. 콘크리트 분야에서 고압 증기 양생은 다음과 같은 성질이 요구되는 프리캐스트 콘크리트 제품에 이용된다.

① 높은 조기 강도 : 고압 증기 양생은 재령 24시간만에 표준양생의 28일 강도를 얻을 수 있다.

② 좋은 내구성 : 고압 증기 양생은 황산염 등의 화학적 침식 및 동결 융해에 대한 콘크리트의 저항력을 증가시키고 백화현상을 줄일 수 있다.

③ 건조수축 및 수분의 이동을 감소시킬 수 있다.

최적의 양생 온도는 0.8 MPa의 증기압으로 약 177 ℃라는 것이 실험을 통해 알려져 있다. 고압 증기 양생은 시멘트에 미분쇄한 실리카를 첨가하면 $C_3S(3CaO \cdot SiO_2)$의 수화반응할 때 생기는 $Ca(OH)_2$와 실리카 사이의 화학반응 때문에 더욱 효과적이다(그림 3.15 참조).

비록 단기간의 고압 증기 양생에서 C_3S/C_2S비가 적당히 낮은 시멘트는 좋은 결과를 가져오지만, C_3S가 많은 시멘트는 C_2S가 많은 시멘트에 비하여 고압 양생을 할 때에 고강도를 발현하게 된다.

실리카 분말도는 시멘트 분말도와 같은 정도가 되게 하고, 두 재료는 믹서에 투입하기 전에 정확하게 혼합되어야 한다. 실리카의 최적량은 배합비에 의존하지만, 일반적으로 시멘트 질량의 0.4 ~ 0.7 정도이다. 이것은 석회/실리카의 혼합비를 거의 1로 만드는 것이다.

양생 중의 높은 온도는 시멘트의 수화반응에도 영향을 미친다. 예를 들면 C_3S의 일부는 수화하여 C_3SHx가 된다.

높은 온도로 하면 약 7,000 m^2/kg인 비표면적의 작은 수화 시멘트 페이스트를 만들게 되는데, 이것은 수화 생성물이 거칠고, 대부분은 미결정질이라는 것을 의미한다. 고압 증기 양생한 시멘트 페이스트의 비표면적은 보통의 온도로 양생된 페이스트에 약 1/20 정도이므로 고압 증기 양생 시멘트 페이스트의 약 5 퍼센트만이 겔(gel)로 분류할 수 있다.

고압 증기 양생한 콘크리트는 시멘트 페이스트의 미결정질 성질 때문에 수축률이 크게 감소되며, 표준 온도로 양생한 콘크리트의 약 1/6 ~ 1/3이 된다. 실리카를 콘크리트 배합에 혼입하면 수축률은 커지지만, 표준 양생한 콘크리트에 불과 1/2에 지나지 않는다. 반대로 상압 증기 양생에서는 미결정질의 시멘트 페이스트가 되지 않으므로 수축률은 감소하지 않는다. 크리프는 고압 증기 양생에 의하여 역시 현저하게 감소된다.

고압 증기 양생한 시멘트의 수화 생성물은 2차적인 석회-실리카반응의 생성물과 마찬가지로 안정되어 있고 강도 저하가 없다. 재령 1년에서 표준 양생한 콘크리트의 강도는 같은 배합의 고압 증기 양생 콘크리트와 거의 같다. 물-시멘트비는 일반적인 방법으로 고압 증기 양생한 콘크리트 강도에 영향을 주지만, 초기강도의 실제 값은 물론 표준 양생의 값과 다르다. 콘크리트의 탄성계수와 선팽창계수는 고압 증기 양생에 따른 영향을 받지 않는 것으로 알려져 있다.

고압 증기 양생은 황산염에 대한 저항성도 개선한다. 여기에는 여러 가지 중요한 이유가 있는데, 이 이유 중의 하나는 저온에서 형성된 알루민산염보다 황산염에 대해 더욱 안정된 알루민산염이 형성된다는 것이다. 이 때문에 내황산염 특성의 상대적인 향상은 내황산염 시멘트보다도 $C_3A(3CaO \cdot Al_2O_3)$ 함유량이 많은 시멘트 쪽이 크다. 또 다른 중요한 요인은 석회-실리카 반응의 결과로서 시멘트 페이스트 중의 석회가 감소하는 것이다. 내황산염 특성의 향상은 증기 양생한 콘크리트의 강도 및 수밀성 증가에 의해 또는 양질의 결정구조 중의 수화물의 존재에 기인한 것이다. 고압 증기 양생은 용해성의 유리 석회가 없기 때문에 백화현상을 감소시킨다.

단점으로 고압 증기 양생은 표준 양생한 것에 비해 약 1/2정도 철근의 부착강도를 감소시킨다. 따라서 철근콘크리트 부재에 고압 증기 양생을 적용하는 것은 바람직하지 못하다. 또한 고압 증기 양생한 콘크리트는 어느 정도의 취성도 있다.

전체적으로 본다면 고압 증기 양생은 치밀하고, 내구성이 있는 양질의 콘크리트를 만든다. 외관은 보통 양생한 포틀랜드 시멘트 콘크리트 색의 특징과 구별되며 흰색을 띤다.

고압 증기 양생 기간 동안 가열 속도는 상압 증기 양생에서 기술한 바와 같으며, 너무 빠르면 응결·경화 과정에서 해를 발생시킬 우려가 있으므로 빨라지지 않도록 하는 것이

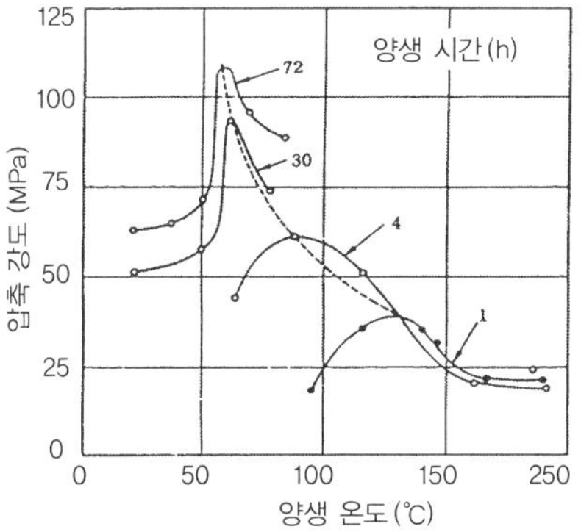

그림 3.15 **양생 기간에 대한 다른 양생 온도에서의 콘크리트 강도 발현**

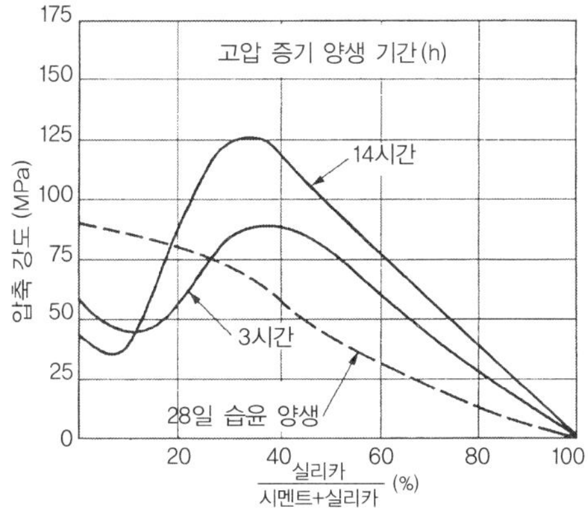

그림 3.16 **고압 증기 양생의 콘크리트 강도에 미치는 분말 실리카양의 영향(양생 개시 재령 24시간, 양생 온도 177 ℃)**

필수적이다. 대표적인 증기 사이클은 3시간 이상에 걸쳐 1 MPa에 대응하는 182 ℃의 최고 온도가 될 때까지 점차적으로 상승시킨다. 최고 온도를 5 ~ 8시간 유지시키고, 약 20 ~ 30분 내에서 압력을 풀어준다. 급속히 감압시켜 주면 콘크리트의 건조를 촉진시켜 현장에서의 건조수축을 줄일 수 있다.

증기 사이클에 대한 상세는 사용하는 플랜트와 양생하는 콘크리트 부재 크기에 의존한다. 오토클레이브 안에 넣기 전의 평균 양생 시간의 길이는 증기 양생되는 콘크리트 품질에 영향을 미치지 않고, 적절한 시간의 선택은 콘크리트를 다룰 때 충분히 견딜 수 있는 배합 강도에 의하여 좌우된다. 경량 콘크리트의 증기 사이클의 상세는 사용할 재료에 적합하도록 실험을 거쳐 결정할 필요가 있다. 증기 양생은 포틀랜드 시멘트를 사용하는 콘크리트에 적용해야 하며, 알루미나 시멘트나 내황산염 시멘트는 고온에 의해 불리한 영향을 받게 된다.

포틀랜드 그룹의 범위 내에서는 시멘트의 종류에 따라 강도가 다르지만 이것도 보통 온도에서의 경우와 꼭 같다고는 할 수 없다. 그러나 이에 대한 연구는 아직 체계적으로 되어 있지 못하다. 분쇄된 슬래그가 많은 황산을 함유하고 있으면 문제를 야기할 수 있다는 것은 이미 알려진 사실이다. 고압 증기 양생은 염화칼슘을 첨가한 콘크리트의 경화를 촉진시키지만 강도증가의 비율은 염화칼슘을 쓰지 않은 경우보다 적다.

04 장

공사 종류별 양생 및 양생 기간

4.1 포장 및 지반 슬래브

4.1.1 개요

포장 및 지반 슬래브에는 고속도로 포장, 공항 포장, 수로 라이닝, 주차장, 주행도로, 보도 및 바닥 슬래브 등이 포함되며, 이러한 슬래브의 특징은 콘크리트 부피에 대한 노출 표면의 비가 매우 크다는 것이다. 따라서 적절한 예방 조치를 취하지 않으면 콘크리트 표면에서 수분 증발로 인한 초기 수분 손실이 크고 빠르게 진행되어 소성 수축 균열이 발생할 수 있으며, 수분 손실이 지속되어 수화반응 정도가 낮아지면 강도나 내마모성, 내구성 등에 좋지 않은 영향을 주게 된다. 콘크리트 표면에서 수분의 손실이 발생하면 수분 함량의 구배 때문에 아래보다 윗부분 수축이 더 커져 슬래브가 위쪽으로 말려 올라가는 현상이 일어난다. 반대로 하부 지반이 건조하면 슬래브의 밑바닥에서 지반 쪽으로 수분이 흡수되어, 상부 표면이 습윤 상태를 유지할 경우 앞의 경우와 반대 방향으로 수분 구배가 형성되고 슬래브가 뒤틀리게 된다. 이러한 수분 구배 발생을 최소화하기 위해서는 슬래브 하부의 지반을 미리 축축하게 유지하고, 앞 장에서 서술한 방법으로 초기, 중간 및 최종 양생을 실시하여 슬래브 위쪽 표면을 습윤 상태가 유지되도록 해야 한다. 슬래브 하부에 불투성

막이나 방습막을 설치하는 경우에도 슬래브가 말려 올라가는 것을 최소화하기 위하여 상부 표면을 습윤 상태로 유지할 필요가 있다. 슬래브 하부의 도막 위에 100 mm 정도의 다짐된 배수 채움 층을 설치하면 슬래브의 상·하 표면이 건조되어도 슬래브가 휘는 것을 줄일 수 있다.

슬래브의 휨은 슬래브 상, 하부 간의 습윤 상태와 온도 구배에 따라 모서리나 단부의 뒤틀림에 의하여 발생한다. 일반적으로 슬래브의 상부는 하부보다 더 건조하고 차갑게 된다. 슬래브에서 말려 올라간 휨 단면에 의해 발생된 하중이 콘크리트의 휨강도를 넘어서게 되면, 휨이 발생되는 경계면에 평행하게 균열이 발생하게 된다. 또한 슬래브는 중앙부가 주변보다 낮게 마무리되어 접시와 같이 중앙부가 낮게 되는 형상을 가질 수 있는데, 이는 마감 직후 편평한 단부로부터 쉽게 발견될 수 있다. 이와 같은 슬래브의 휨을 감소시키기 위해서는 다음과 같은 방법을 사용할 수 있다.

① 슬래브의 상부와 하부 사이의 습도와 온도의 평형을 유지한다.
② 건조 수축량을 감소시킬 수 있는 콘크리트 배합을 사용한다. 이는 시공성을 만족시키는 범위 내에서 굵은 골재의 최대 치수와 양을 증가시키고 단위 수량을 감소시켜서 얻을 수 있다.
③ 침투성이 있거나 다공질 혹은 건조한 상태의 토대를 사용한다.
④ 수축 보상형 콘크리트를 사용한다.
⑤ 충분한 양의 철근을 슬래브 상부 1/3 이내에 배근한다. 슬래브 단부나 시공이음으로부터 약 3 m까지 단부의 직각방향으로 1 퍼센트의 철근을 배근한다.
⑥ 포스트텐셔닝을 사용한다.

슬래브 상, 하부간의 수분 구배를 감소시키기 위해서는 다음과 같은 방법을 사용할 수 있다.

① 초기 재령에 있어서 양생에 특별한 주의를 기울인다. 슬래브 양생 초기 며칠 간 지속적인 습윤 양생이나 고성능 양생 화합물을 사용하면 콘크리트의 수분 증발의 비율을 현저하게 감소시킬 수 있으며, 이는 수분 구배의 감소에 도움이 된다.
② 적절한 양생이 끝난 이후에 슬래브 상부에서 추가적인 수분 증발을 억제하기 위하여 코팅이나 왁스 같은 제품을 사용한다. 이러한 방법은 슬래브 표면의 수축량을 증가시키는 탄산화 등을 방지할 수 있다.
③ 슬래브 하부에 증발 억제층이 필요할 경우에는 최소 100 mm 이상의 다짐된 골재층을 증발 억제층과 콘크리트 슬래브 사이에 설치한다. 채움재가 건조되어 있으면 슬래

브 하부로부터 수분 증발을 허용하게 된다. 채움재는 수분을 함유하고 있지 않도록 설계해야 한다.

건조 수축 구배를 감소시키기 위해서는 콘크리트 배합에 다음과 같은 방법을 사용할 수 있다.

① 적절한 슬럼프를 사용하고, 잔골재율을 낮추거나 감수제 등을 사용하여 단위 수량을 감소시킨다.
② 사암 등과 같이 건조 수축량이 큰 골재의 사용을 피한다.
③ 건조 수축량을 증가시킬 수 있는 혼화재의 사용을 피한다.
④ 굳지 않은 콘크리트 슬래브 표면의 디워터링 기법은 수량을 현저하게 감소시킴으로써 슬래브의 휨을 억제하는 데 도움이 된다.

저온에서 콘크리트 타설은 냉각에 의한 수축량을 감소시킬 수 있다. 슬래브 휨의 양은 두께에 대한 습윤 상태와 온도 평형을 유지시킴으로써 재령이 경과함에 따라 줄일 수 있다. 또한 크리프는 시간의 경과에 따른 휨의 양을 감소시킬 수 있다.

콘크리트의 강도는 슬래브의 요구 성능을 만족하는 정도를 적용하는 것이 좋다. 과도한 고강도의 콘크리트는 크리프의 양을 감소시켜 슬래브의 휨을 증가시킬 수 있다. 그러나 고강도의 콘크리트는 조기에 휨강도와 인장강도를 발현시켜 균열의 발생을 감소시킬 수도 있다.

4.1.2 양생 절차

타설된 콘크리트의 전체 표면은 충분한 수분 함량과 양생 온도를 유지시키기 위해서 수중 양생 방법이나 양생 화합물을 이용하는 방법 중 하나 또는 이들을 조합하는 방법으로, 표면의 마무리 작업이 완료된 직후부터 가능한 한 빨리 양생을 시작해야 한다.

소성수축 균열을 방지하기 위해서는 차양막이나 방풍막을 설치하고 증발억제제 또는 안개(mist)를 분무함으로써 수분의 증발을 억제할 필요가 있다. 또한 콘크리트의 소요 물성이 발현될 때까지는 슬래브의 노출 표면 전체를 피복해야 한다.

양생을 위한 매트는 양생이 끝낼 때까지 수분이 포화된 상태로 그 자리에 두어야 하며, 매트를 제거할 경우에는 제거 즉시 액상도막 양생 혼합물이나 플라스틱 시트, 보강 종이, 밀집 또는 물로 후속 양생을 실시해야 한다. 콘크리트의 타설과 마감 후에 지속적으로 수분을 유지할 경우 콘크리트의 건조에 따른 건조 수축은 양생 절차가 끝난 이후에나 발생될 수 있다. 그러므로 양생 종료에 따른 급속한 수분의 손실을 방지하기 위하여 콘크리트의 표면이 마를 때까지 방수포와 플라스틱 시트를 덮어 두는 것이 필요하다.

4.1.3 양생 기간

자정에서 다음 자정 사이의 최고 기온과 최저 기온의 평균인 일 평균 기온이 5 ℃ 이상일 경우에는 양생 방법의 종류에 관계없이 수분과 온도 유지를 위하여 표 4.1에 표시된 표준 양생 기간을 지키는 것이 바람직하다. 한편 표에서 제시된 표준 양생 기간과 관계없이 콘크리트의 설계 압축강도와 휨강도 중 강도가 발현되는 기간이 오래 걸리는 강도의 최소 70 퍼센트 이상이 발현되는 데 필요한 시간을 양생 기간으로 할 수도 있다. 이때 현장에서 강도 시험을 하지 않을 경우에는 시방서에 특별히 명기되어 있지 않는 한 양생 온도를 10 ℃ 이상으로 유지하고 양생 기간을 표 4.1에서 요구하는 기간 이상으로 해야 한다. 일 평균 기온이 5 ℃ 이하일 경우에는 한중 콘크리트의 양생 지침에 따라 콘크리트가 동해를 입지 않도록 조치해야 한다.

이상의 일반적 지침은 내구성 관련 물성이 필요한 경우에는 양생 방법이 충분하지 않을 수 있기 때문에 필요한 경우 강도에 근거한 지표뿐 아니라 내구성과 관련된 지표도 고려해야 한다. 콘크리트의 동해는 강도, 수분 함유량, 연행된 공기의 양과 크기, 분포에 영향을 받기 때문에 동해에 저항하기 위하여 요구되는 성능은 강도만으로 표현하기는 힘들다. 기존의 연구 결과에 따르면 5 MPa 이상의 압축강도를 갖는 콘크리트는 여러 번의 동결 융해 사이클 이후에도 거의 동해를 입지 않는 것으로 보고되고 있으나, 계속적으로 혹독한 기후 조건에 노출되는 콘크리트는 추가적인 강도가 발현될 때까지 양생을 계속할 필요가 있다.

표 4.1 표준 양생 기간

일 평균 기온	보통 포틀랜드 시멘트	혼합 시멘트 B	조강 시멘트
15 ℃ 이상	5일	7일	3일
10 ℃ 이상	7일	9일	4일
5 ℃ 이상	9일	12일	5일

4.2 건축물, 교량 및 기타 구조물

4.2.1 개요

이 절에서 다루는 콘크리트의 양생 방법은 4.1절에서 규정하는 지반슬래브를 제외한 현장 타설 벽체, 기둥, 슬래브, 보 및 기타 구조물이나 건축물의 모든 부분에 타설되는 콘크리트를 포함하며, 기초, 교각, 옹벽, 터널 라이닝 및 도관 등도 포함한다. 4.3절의 매스 콘크리트, 4.5절의 기타 공사 및 프리캐스트 콘크리트는 이 절에 포함되지 않는다.

4.2.2 양생 절차

일반적인 타설 조건 하에서의 양생 방법은 앞장에서 서술한 방법 중의 하나 혹은 이들의 조합으로 이루어져야 한다. 표면의 강도나 하부면의 내구성이 중요하다고 판단되거나 표면의 얼룩을 최소화하기 위해서는 거푸집의 제거 이후에도 추가적인 양생을 실시해야 하며, 이때 양생 방법은 액상 피막 양생제를 도포하거나 표면의 습윤 상태를 유지하기 위한 충분한 수분을 적절하게 공급하여 추가적인 양생을 실시할 수 있다. 수직면의 습윤 양생은 폴리에틸렌으로 덮인 젖은 마대를 사용할 수 있으나, 슬래브나 보의 하부면은 습윤 양생의 효과가 거의 없어 권장되지 않는다.

콘크리트가 경화된 이후에도 거푸집을 존치하는 경우에는 콘크리트에 손상이 가해지지 않을 때 거푸집 긴결재를 풀어주고 거푸집의 안쪽에 물을 흘려내려 콘크리트가 습윤상태를 유지하도록 한다. 사용하는 물의 온도가 콘크리트 표면의 온도보다 현저하게 낮은 경우에는 온도 변화에 따른 충격이나 균열을 방지하도록 주의를 기울여야 하며, 이때 양생수는 콘크리트의 온도보다 10 ℃ 이상 낮아서는 안 된다. 거푸집의 제거 직후에는 물을 분무하거나 젖은 마포를 덮어 피막 양생제를 도포할 때까지 표면의 습윤 상태를 지속적으로 유지해야 한다. 양생 수단은 콘크리트 상부 표면의 처리까지 포함되어야 한다.

4.2.3 양생 기간

일 평균 기온이 5 ℃ 이상일 경우에는 표 4.1에서 규정한 표준 양생 기간 이상의 양생을 실시하거나, 양생 기간이 더 길어지더라도 규정된 압축강도 혹은 필요 시 휨강도의 70 퍼센트 이상을 획득할 때까지 양생을 실시해야 한다. 일 평균 기온이 5 ℃ 이하인 경우에는 한중 콘크리트의 양생 방법을 따라야 한다. 특별히 필요한 경우에는 강도에 근거한 기준치를 내구성에 근거한 기준으로 대체하거나 확장해야 한다.

4.3 매스 콘크리트

4.3.1 개요

매스 콘크리트란 현장 타설 콘크리트의 치수가 커 수화열에 의한 부피 변화와 이에 따른 균열 방지를 위한 조치가 필요한 콘크리트를 말한다. 피어, 교대, 댐, 대규모 기초나 이들과 유사한 대형 공사에 흔히 매스 콘크리트가 사용된다. 보강 여부와 상관없이 모든 콘크리트에서 온도 상승과 온도 구배의 영향을 고려해야 하지만 매스 콘크리트에서는 이에 대하여 더욱 주의해야 하며, 특히 강도가 높고 시멘트성 재료가 많이 사용된 콘크리트에서는 온도에 따른 영향이 더 커질 수 있다.

매스 콘크리트에서는 부피 변화에 따라 온도 변형 및 응력이 발생하게 되며, 부피 변화의 주요한 요인은 시멘트 수화열의 발산과 외기 온도의 주기적인 변화 등 2가지이다. 따라서 콘크리트의 부피 변화를 감소시키기 위해서는 시멘트 수화열과 콘크리트의 초기 타설 온도를 감소시켜야 한다.

모든 시멘트는 수화가 일어날 때에 콘크리트의 온도를 상승시키게 된다. 이러한 온도의 상승은 단위 시멘트양을 감소시키거나, 시멘트 대체재로서 포졸란을 일부 사용하거나, 저열 혹은 지연 시멘트를 사용함으로써 최소화할 수 있다. 일반적으로 매스 콘크리트 배합설계 때의 시멘트양은 보통 콘크리트보다 훨씬 적게 사용함으로써 온도 상승을 줄일 수 있다. 콘크리트의 초기 타설 온도를 잠재 온도 상승이 반영되어 안정화되는 구조체의 온도보다 낮게 하면 인장응력이나 균열의 발생을 줄여 발생 자체를 없앨 수도 있다. 그러나 이러한 방법은 이론적으로는 가능하나 실제적으로는 매우 높은 기온의 경우를 제외하고는 적용하기 힘들다. 따라서 경제적인 시공을 위해서는 초기 온도를 약간만 낮추어 발생되는 인장응력이 콘크리트의 인장강도보다 작도록 할 수 있다.

거대한 매스 콘크리트 구조물의 최대 내부 온도가 최종적으로 안정화된 온도보다 클 경우에는 콘크리트의 부피 변화가 수십 년에 걸쳐 지속적으로 발생한다. 시공 공정을 빨리 끝내기 위하여 부피 변화를 가속할 필요가 있는 경우에는 인위적으로 내부 열을 제거할 수 있다. 일반적인 공법은 파이프를 매입하여 냉수를 순환시키는 방법이다.

부피 변화는 구조물의 온도 변화에 따른 직접적인 결과로서, 부재 단면이나 특정 경로에 따른 온도 변화를 온도 구배라 일컫는다. 온도 구배는 구조물의 특정 경로에 대한 온도 이력에 따라 결정되며, 매스 구배와 표면 구배로 구분할 수 있다. 매스 구배는 콘크리트 매스와 이를 구속하는 기초 사이의 온도 차이를 의미하는 것으로, 콘크리트 내부의 최대 온도로부터 연평균 온도에 근접하는 안정화된 온도까지의 최대 장기 온도 변화가 매스 구배이다. 매스 콘크리트와 하부의 기초, 그리고 구조물의 형상에 따른 접촉면의 특성이 매스 구배와 부피 변화의 양을 결정하게 되며, 이것이 궁극적으로 균열을 유발하는 변형과 응력의 원인이 된다. 표면 구배는 상대적으로 안정적인 내부의 온도에 비하여 표면의 냉각에 따른 결과로 나타난다. 콘크리트의 표면이 냉각되면 콘크리트 표면에 균열을 유발하는 인장력이 발생된다. 이때 콘크리트의 내부는 표면 콘크리트의 반응을 구속하는 역할을 한다. 표면 구배에 의한 균열은 대부분 얇은 단면에 국한되나, 균열이 부재의 내부로 진전될 수 있고 매스 구배에 의한 부피 변화나 기타 외부 하중에 의한 조합으로 균열 조건을 조성할 수 있다. 노출된 표면의 콘크리트는 매일 혹은 연간 외부 온도의 변화에 크게 영향을 받는다. 콘크리트 표면의 온도는 대기 온도와 거의 동일하므로, 콘크리트 표면의 온도 변화는 당일 대기의 온도 변화와 동일한 것으로 간주할 수 있다. 표면으로부터 약 0.6 m 깊이 콘크리트의 온도 변화는 대기 온도 변화보다 훨씬 감소되어 표면 온도 변화의 약 10 퍼센트 정도만 발생한다.

온도 응력의 경우도 마찬가지이다. 표면 온도가 연간 59 ℃의 변화를 보이고 균열 이전 콘크리트의 탄성계수가 2.8×10^4 MPa일 때, 콘크리트 표면에 발생되는 응력은 약 7 MPa 정도이다. 콘크리트는 7 MPa 정도의 압축력에는 쉽게 저항할 수 있지만, 인장 저항력은 매우 낮아 균열이 발생할 수도 있다. 표면으로부터 거리에 따라 온도 구배가 빠르게 사라지기 때문에 응력의 변화도 급격히 감소되어, 표면 온도 구배에 따른 균열은 상대적으로 얇은 단면의 표면 인근에서만 발생된다. 댐과 같이 거대한 구조물에서 전체의 표면이나 각 타설층의 표면의 노출을 최소화하도록 시공하게 되면 비록 외기의 온도로 인하여 표면에 균열이 발생하더라도 표면의 콘크리트가 내부 콘크리트의 구조 성능을 보호할 수 있다. 시공 공정의 문제로 콘크리트 타설층 사이의 공사 기간이 증가될 경우에는 타설층 표면의 균열이 깊게 진전되므로 균열의 진전을 막기 위한 조치를 취해야 한다. 이상에서 설명한 것과 같이 표면 온도의 변화가 균열 발생에 영향을 미치기 때문에, 거푸집 제거 시기에 콘크리트 내부와 외기 사이의 온도 차이가 심하면 표면에 균열이 발생하게 된다. 이러한 현상을 온도 충격이라 하며, 단열재 성능을 갖는 거푸집을 저온의 날씨에 제거하면 발생하게 된다. 근래에 사용되는 강재 거푸집은 콘크리트 표면의 온도를 대기 온도와 유사하게 하여 이러한 온도 차이를 감소시킬 수 있으나, 조기재령에서 저온의 영향이 콘크리트에 미쳐 온도 충격을 줄 수도 있다. 따라서 저온의 날씨에 강재 거푸집을 사용할 경우에는 공기층이나 단열재를 사용하여 콘크리트 표면을 보호해야 한다. 표면 균열을 방지하기 위한 단열재의 필요성 여부와 거푸집의 제거 시기는 외기 온도와 콘크리트의 강도에 관계된다. 동결온도 이하의 기온에 대한 보호를 위해서는 한중 콘크리트 부분을 참조할 수 있다.

4.3.2 양생 방법과 기간

매스 콘크리트를 양생할 때에는 보통 콘크리트의 양생에서 요구되는 조건 이외에 추가적으로 온도 균열을 제어하기 위한 적절한 수단이 필요하다.

구체적으로 콘크리트의 온도는 가능한 한 주변 기온과 비슷하도록 낮추어 부재 내부와 외부의 온도 차이를 최대한 줄이고, 전체 부재의 온도 구배를 타당한 수준으로 유지할 수 있는 적절한 수단을 강구해야 한다. 필요에 따라 스티로폼이나 천과 같은 단열재를 사용하여 콘크리트 표면을 단열하고 보호하는 수단을 사용해야 한다. 파이프 냉각은 매스 콘크리트의 타설 이후 온도 제어에 유용한 방법으로서, 콘크리트의 초기 최대 내부 온도를 낮추고, 매스 콘크리트를 적용한 부재 전체의 온도를 콘크리트 구조물의 평균 온도까지 낮추기 위하여 사용된다. 파이프 냉각은 콘크리트 타설 이전에 설치한 파이프에 냉각수 혹은 천연 강물을 펌핑하여 사용하며, 실무에서는 일반적으로 외경이 약 25 mm 정도인 강재 파이프가 사용된다. 요구되는 효과가 나타날 수 있도록 파이프의 간격, 물의 유입 및 유출, 코일의 길이 및 냉각 기간 등의 인자를 결정해야 하며, 냉각수의 온도는 콘크리트의 타설 시간 간격, 시공 기간, 부재의 두께 등을 고려하여 결정해야 한다. 만일 냉각수의 온도가 지나치게 낮으면 부재 내부 혹은 부재 상호간의 온도 차이가 심해져 균열 발생을 야기할 수 있으므로 충분한 주의가 요구된다. 냉각파이프 주변과 냉각수의 온도 차이는 20 ℃ 이하로 유지해야 하며, 실무에서는 파이프를 냉각시킬 때 물 대신 공기를 사용하기도 한다.

날씨가 따뜻할 때에는 보통 물을 뿌려 매스 콘크리트를 양생할 수 있으나, 이 방법은 온도가 낮은 표면과 온도가 높은 내부 콘크리트 간의 온도 구배 때문에 응력이 발생하는 역효과를 낼 수도 있다. 매스 콘크리트의 노출된 수평면이나 경사면은 지속적인 살수, 젖은 모래, 또는 포화된 섬유를 이용하여 수분을 유지시킬 수 있다. 수직면과 기타 탈형된 면은 콘크리트가 경화되고 거푸집이 아직 제자리에 있을 때 거푸집 긴결재를 느슨하게 하여 거푸집 내부로 물을 흘려보내 콘크리트의 수분을 유지시킬 수 있다(4.2.2절 참조). 탈형 직후에는 살수나 포화된 섬유를 이용하여 지속적으로 표면의 수분을 유지할 수 있다. 표면 변형으로 인한 균열을 방지하기 위해서 양생수는 콘크리트의 온도보다 10 ℃ 이상 낮으면 안 된다.

어떤 경우에는 액상 도막형성 양생 혼합물을 사용하는 것이 가장 좋을 때가 있다. 예를 들어 초기 동결 방지 조치 후에 표면 살수 대신 액상 도막형 양생 혼합물을 사용하면 표면 건조를 방지하고 얼음이 어는 문제 없이 만족스러운 양생 환경을 만들 수 있다. 양생 혼합물은 표면에 시공이음이 없거나 인접한 부위의 콘크리트를 타설하기 전에 도막을 제거할 경우에 사용할 수 있다. 콘크리트 표면에 추가적으로 콘크리트 층을 만들거나 표면에 기타 물질을 부착할 때에는 자체 흡수 도막형성 양생 혼합물을 사용할 수 있다. 기존 콘크리트의 표면은 추가적인 콘크리트를 타설하기 전에 깨끗이 청소해야 한다. 도막형성 양생 혼합물을 사용하면 콘크리트의 외관이 달라질 수 있다.

표면 손상을 방지하기 위하여 콘크리트가 충분히 경화된 직후 양생을 시작해야 한다. 고로 슬래그 미분말이나 포졸란이 포함되지 않은 비보강 매스 콘크리트는 2주 이상 양생해야 한다. 고로 슬래그 미분말이나 포졸란을 포함한 콘크리트의 최소 양생 기간은 3주이다. 보강 매스 콘크리트는 7일 이상 양생하거나, 강도가 콘크리트 성능의 주요 인자가 될 경우에는 설계기준압축강도의 70 퍼센트에 도달할 때까지 양생을 계속해야 한다. 시공이음이 있을 경우에는 콘크리트 타설이 재개될 때까지 또는 소요 양생 기간 동안 양생을 계속해야 한다.

4.3.3 탈형과 탈형된 면의 양생

매스 콘크리트의 탈형은 형틀 제거 작업이 콘크리트에 손상을 입히거나 구조물의 사용성을 저하시키지 않을 것이라고 판단되면 즉시 시행할 수 있다. 날씨가 추울 때에는 거푸집을 최소 보호 기간 동안 또는 그 이상 제자리에 존치시키는 것이 좋다. 탈형과 보호 조치 종료 후에는 콘크리트의 냉각 속도가 24시간에 14 ℃가 넘지 않는 속도로 콘크리트의 온도가 주위 온도에 서서히 도달하도록 해야 한다. 콘크리트가 탈형된 표면을 덮어 주면 콘크리트가 서서히 냉각되도록 할 수 있다. 콘크리트의 표면과 주위 온도차가 14 ℃ 미만이면 점진적 냉각 조치를 하지 않고 즉시 탈형과 보호 조치를 끝낼 수 있다.

4.4 착색 콘크리트 바닥과 슬래브의 양생

콘크리트에 건비빔 강화제를 입히거나 색 안료를 사용하여 착색을 할 수 있다. 이 경우 양생의 목표는 표면의 색 변화를 최소화하는 것이다. 이를 위해서는 양생 절차가 신속하고 지속적이며 균일하게 이루어지는 것이 필수적이다. 충분한 수분 유지와 마모에 대한 적절한 강도 발현, 균열의 최소화를 위하여 다음과 같은 방법을 사용하면 만족스러운 결과를 얻을 수 있다.

① ASTM C 1315, Type I, Class A에 적합한 투명 도막 형성 양생 및 봉합 화합물의 사용 : 색을 입힌 교통량이 많은 공장 바닥일 경우, 양생 화합물의 수분 손실률은 0.040 kg/m^2 이하여야 하며 도포 면적은 7.4 m^2/ℓ 이하여야 한다.

② 안료 도막 형성 양생 혼합물의 사용

③ 제거 가능한 양생 혼합물의 사용 : 이러한 재료를 사용하기 전에는 제거 절차에 대하여 철저히 검토해야 한다. 제거를 시작하는 시점은 여러 가지 요인에 따라 다르며, 이 중 하나는 상부 표면의 강도 발현 속도이다.

④ 승인된 얼룩 없는 시트의 사용 : 이러한 막은 바깥쪽에 플라스틱 내부에 흡수성이 같고 얼룩이 없는 펠트로 구성된다. 막은 수분 손실로 인한 얼룩을 방지하기 위하여 콘크리트 표면에 평탄하게 설치해야 한다. 폴리에틸렌을 단독으로 사용하는 것은 폴리에틸렌과 콘크리트 표면 간의 접촉이 달라 얼룩이 발생할 수 있기 때문에 바람직하지 않다.

⑤ 폰딩이나 이와 동등한 습윤 양생 방법의 사용 : 7일 이상 지속적으로 수분을 유지하여 주기적 건조가 없어야 한다. 폰딩은 착색 콘크리트 외관에 영향을 줄 수 있다. 콘크리트의 얼룩이나 변색을 초래할 수 있는 물속의 무기물이나 혼합물, 수분 유지를 위한 피복을 확인해야 한다.

콘크리트의 착색과 양생 방법의 조합에 의하여 얻어지는 시간 경과에 따른 외관을 평가하기 위해서 시험 슬래브를 설치하는 것이 바람직하다. 시험 슬래브의 크기는 10m^2 이상이 되어야 하며, 해당 공사에 사용하는 콘크리트의 배합, 마감 작업 및 양생 방법을 사용해야 하고, 공사할 때 예상되는 환경 조건과 유사하도록 해야 한다.

4.5 기타 공사

앞 장에서 언급한 양생 방법은 현장 타설 보통강도 콘크리트의 양생을 위한 것들이다. 특수 콘크리트나 특수 공법이 사용되는 공사의 양생은 다음과 같다.

4.5.1 숏크리트

숏크리트가 낮은 온도, 건조, 급격한 온도 변화 및 폭파 진동 등에 의하여 유해한 영향을 받을 우려가 있다고 판단되는 경우에는, 이러한 유해한 영향을 방지하기 위한 적절한 양생수단을 강구해야 한다.

콘크리트가 수화반응에 의하여 강도를 발현하기 위해서는 타설 이후 적절한 기간 동안 습윤 상태로 적절한 온도를 유지하고 유해한 주변 환경으로부터 보호해야 한다. 터널의 경우에는 입구 주변을 제외하고는 대체로 온도가 일정하며 높은 습도를 유지하게 된다. 또한 숏크리트의 후면은 지반과 접하게 되며 오직 한 면만이 대기 중에 노출되며, 태양의 직사광선이나 바람이 거의 없기 때문에 콘크리트 표면의 수분이 증발되는 것이 일반적인 구조물보다 적어진다. 따라서 터널 내부의 숏크리트는 습윤 상태를 유지하는 것으로 간주하여 추가적인 양생을 실시하지 않는 것이 일반적이다.

충분하게 경화되지 않은 콘크리트에 진동이나 충격이 가해지면 균열이나 손상을 유발할 수 있다. 숏크리트는 터널 공사의 폭발이나 지반의 변위 발생에 따른 진동을 고려하여 현장경험을 바탕으로 단위 시멘트양이나 응결 촉진제를 증가시키도록 배합설계가 이루어진다. 터널의 건설환경은 지반 조건, 굴착 이후의 지반 거동, 물의 유입 등에 따라 변화하게 되므로, 이러한 영향 인자들을 고려하여 응결 촉진제의 종류와 혼입량을 설계 및 시공 단계에서 적절하게 조절하여 배합하는 것이 매우 중요하다.

4.5.2 팽창 콘크리트

팽창 콘크리트를 사용하는 목적은 건조 수축을 보상함으로써 건조 수축에 기인한 균열의 발생을 억제하고, 화학적 프리스트레스를 도입함으로써 콘크리트 구조물의 역학적 성능을 개선하기 위한 것이다. 팽창 콘크리트의 초기 재령에서 습윤 양생은 강도 발현뿐만 아니라 요구되는 팽창 성능을 얻기 위해서도 매우 중요하다. 그러므로 부재의 단면이 작거나 고온으로 인하여 거푸집이 건조될 가능성이 있는 경우에는 거푸집에 물을 살포하여 습윤 상태를 유지해야 한다. 만일 거푸집이 콘크리트 타설 이후 5일 이내에 제거될 경우에는 노출된 표면이 습윤 상태를 유지하도록 조치해야 한다.

증기 양생이나 단열 양생, 가열 등과 같은 특별한 양생 방법을 사용하는 경우에는 사전 실험을 실시하여 콘크리트의 요구되는 성능을 얻을 수 있는지에 대하여 확인하는 것이 중요하다.

4.5.3 콘크리트 제품

콘크리트 제품의 양생 방법 및 기간은 제품의 종류, 제조 및 사용 방법을 고려하여 요구되는 품질을 만족시킬 수 있도록 결정되어야 한다. 즉, 콘크리트는 타설 이후 저온, 건조, 급격한 온도 변화, 하중 및 충격 등과 같이 품질에 영향을 줄 수 있는 유해한 환경을 피하기 위하여 충분하게 양생되어야 한다. 몰드를 제거한 이후에도 규정된 기간 동안 습윤 양생이나 단열 양생과 같은 적절한 양생 방법으로 양생되는 것이 필요하다. 증기 양생과 같은 촉진 양생 방법을 사용하여 시멘트의 수화반응을 진행시켜 충분한 강도가 확보된 경우에는, 콘크리트 제품의 종류에 따라서 습윤이나 단열 양생에 의한 추가적인 양생 기간을 줄이거나 생략할 수 있다.

일반적으로 콘크리트 제품은 증기 양생 이후에 경화된 콘크리트 내의 미수화 시멘트 입자들의 수화반응을 지속시키기 위하여 추가적인 습윤 양생을 실시할 것을 권장한다. 이는 콘크리트의 강도, 수밀성 및 내구성 등의 특성을 개선시킨다. 특별히 높은 강도, 마모 저항성, 수밀성, 동결 융해 저항성을 요구하거나 큰 충격 하중에 노출되는 콘크리트 제품은 요구되는 품질 성능이 획득될 때까지 습윤 상태에서 양생되어야 한다.

촉진 양생을 실시하는 경우에는 콘크리트 제품에 발생할 수 있는 균열, 박리, 변형 등의 결함을 방지할 수 있으며, 장기 강도 및 내구성에도 긍정적인 영향을 줄 수 있다. 그러므로 촉진 양생을 실시할 때에는 온도의 가열 및 냉각 속도에 특별한 주의를 기울여야 한다.

대기압에서 증기 양생은 생산성을 향상시키기 위하여 널리 사용된다. 증기 양생을 할 때에는 콘크리트 타설 직후 바로 증기를 공급하거나, 급격하게 온도를 올리거나, 극고온에서 양생하는 등과 같이 부적절한 조작을 하게 되면 콘크리트 제품에 유해한 영향을 주게 된다. 또한 콘크리트 제품을 고온의 증기 양생 챔버에서 꺼내 급격하게 냉각시키게 되면 표면에 균열이 발생하기 쉽다. 그러므로 증기 양생을 위한 실무적인 규정은 다음의 예를 참조할 수 있다.

① 몰드에 타설된 콘크리트 제품을 증기 양생실에 집어넣고 양생실의 온도는 균일하게 올린다.

② 증기 양생은 콘크리트의 혼합 이후 2~3시간 이상 경과한 후에 시작해야 한다.
③ 온도의 상승률은 시간당 20 ℃를 넘지 않아야 하며, 최대 온도는 65 ℃로 한다.
④ 양생실의 온도는 서서히 낮추고, 콘크리트 제품은 양생실과 대기의 온도 차이가 거의 없을 때 양생실에서 꺼내야 한다.

일반적으로 배합에서부터 증기 양생까지 경과 시간은 콘크리트의 물-시멘트비가 낮아질수록 단축될 수 있다. 역으로, 물-시멘트비가 높아지면 시간이 길어져야 한다.

상기에서 언급한 증기 양생 이외에도 오토클레이브 양생이나 가압 양생 등이 촉진 양생 방법으로 사용될 수 있다. PC 기둥이나 파일 등의 양생에 사용되는 오토클레이브 양생은 1 N/mm^2의 고압을 받는 180 ℃의 용기를 사용하는 양생 방법이다. 가압 양생은 몰드에 타설된 콘크리트를 약 100 ℃ 정도의 고온과 0.5~1.0 N/mm^2의 압력을 가하여 양생하는 방법이다. 이러한 양생 방법들은 조기에 충분한 강도를 얻을 수 있다.

콘크리트의 배합 이후 선행 양생 기간과 증기 양생 기간을 단축시키기 위하여 사용되는 고온 콘크리트 양생 방법은 콘크리트 배합 이후 경과 시간 중에 슬럼프 손실이 발생하는지 실험하여 콘크리트의 특성을 확인하는 것이 중요하다. 물론, 장기 강도 및 다른 특성들도 실험해야 한다.

양생 온도의 제어는 표 4.2와 같은 방법으로 규정되어야 한다.

양생과 몰드 제거의 촉진에 의한 생산성 향상은 콘크리트 제품의 생산을 위한 특별한 요구 사항이다. 그러나 급속한 가열과 냉각은 작은 구멍이 많이 생기거나 내구성이 떨어지는 콘크리트 제품의 원인이 된다. 콘크리트의 품질은 양생 온도와 시간에 관계되기 때문에 콘크리트 제품의 제조 과정에서는 온도 제어에 주의를 기울여야만 한다.

4.5.4 단열 콘크리트

단열 콘크리트는 저밀도 다공성 콘크리트를 의미하며, 지붕 데크 슬래브에 적용하여 급격한 건조가 예상되는 경우에는 습윤 양생이나 양생 화합물을 사용할 것을 권장한다. 양생

표 4.2 양생 온도의 제어

항 목	측정	주기/횟수	판단 기준
양생 온도	온도 가열 속도 냉각 속도 최대 온도 및 지속 시간	항시	지정된 규정에 따름

화합물은 최종 지붕시스템에 적합한 것을 사용해야 하며, 새로 타설된 다공성 콘크리트 지붕 슬래브 상부에서는 적절한 보행성이 확보될 때까지 보행을 금지해야 한다. 콘크리트에 혼입되는 발포제는 제조사의 특기 사항을 확인하여 슬래브 상부에 시공되는 지붕 마감 및 방수층과의 적합성을 확인해야 한다.

콘크리트를 타설할 때, 일 평균 기온이 38 ℃를 넘는 경우에는 특별히 다음과 같은 사항을 고려해야 한다.

① 새벽에 타설하는 경우에는 주간에 온도가 올라가는 것을 피하도록 조치해야 한다.

② 콘크리트를 혼합할 때 습윤 상태를 유지하기 위하여 질석이나 펄라이트 골재를 첨가재로 사용할 수 있다.

③ 소성 수축 균열을 최소화하기 위하여 섬유보강재를 혼입할 수 있다.

④ 지붕 데크는 콘크리트 타설 이후 증기로 습윤 양생할 수 있다.

⑤ 지붕 마감 및 방수층은 적용 가능한 습윤 상태가 된 직후에 시공해야 한다. 시공은 콘크리트 타설 2일 후 시작할 수 있다.

발포제의 서중 콘크리트에 대한 적용 가능성은 제작사와 상의해야 한다.

4.5.5 강섬유 보강 콘크리트

강섬유 보강 콘크리트의 양생과 동해 및 과도한 기온 차이에 대한 보호 방법은 일반적인 콘크리트와 동일하며, 다음의 한 가지 점만 특별히 고려해야 한다. 강섬유 보강 콘크리트는 주로 덧씌움층과 같이 얇은 단면에 적용하고 단위 시멘트양이 크기 때문에 특별히 소성 수축균열이 발생될 우려가 있으며, 이러한 균열은 표면 증발 속도가 빠를 경우에 발생한다. 따라서 이러한 손상을 방지하기 위해서는 직사 광선을 피하여 콘크리트를 타설해야 하며 바람으로부터도 보호해야 한다.

4.5.6 노출 콘크리트

노출 콘크리트는 균일한 색채를 유지하기 위하여 주변 온도에 관계없이 콘크리트의 온도를 유지하기 위한 양생 방법과 기간을 결정해야 한다. 제안된 방법은 현장에서 발생할 수 있는 여러 가지 역효과를 분석하기 위하여 현장 실물대 실험을 해야 한다.

보 하부면이나 거푸집 하부면의 콘크리트는 거푸집을 제거한 이후에 동바리가 지지된 상태에서 양생한다. 수직 거푸집은 적절한 시간 간격에 따라 제거하거나 콘크리트의 압축강도가 6.9 MPa에 도달된 이후에 제거하며, 거푸집 제거 즉시 양생을 재개해야 한다. 거푸집 재료의 형태에 따른 얼룩을 방지하기 위하여 거푸집은 증기가 통과하지 못하는 코팅재료로 감싸야 한다. 거푸집 내에서 양생은 색 변화의 가능성이 증가하는데, 이는 거푸집의 수분 흡수, 목재의 얼룩, 신·구 거푸집의 차이, 거푸집의 누수, 온도 차이 등에 기인하는 것으로 이러한 색 변화를 최소화할 수 있는 방안을 강구해야 한다. 급격한 표면 건조와 과도한 온도 변화에 기인하는 색 변화를 최소화하기 위해서는 한중 및 서중 콘크리트의 양생 방법을 참조해야 한다.

습윤 양생을 할 때에는 콘크리트 표면을 덮는 재료에 의한 색변화나 표면의 결이 발생되지 않도록 엄격한 주의를 기울여야 한다. 수중 양생은 물-시멘트비가 0.40 이하인 경우에만 사용하며, 물의 온도는 콘크리트 표면의 온도와 11 ℃ 이상 차이가 나지 않도록 해야 한다. 복잡한 형상을 덮기 위해서 플라스틱 시트가 사용될 수 있으나, 플라스틱 시트가 접하는 콘크리트 면에는 색이나 결의 변화가 발생할 수 있다. 양생수는 오물이 없는 것을 사용해야 한다.

액체 피막 양생 화합물은 축축한 표면에 적용해야 하며, 그렇지 않은 경우에는 색 변화, 얼룩, 건축 외장용 코팅이나 충진재 등의 부착 저해 등을 유발할 수 있다. 사용 제품에 대해서는 제조사와 상의해야 하며, 양생 공정과 재료는 사전에 현장 실물대 실험에 의하여 평가해야 한다.

높은 온도와 낮은 습도, 강한 바람은 노출 콘크리트에 나쁜 영향을 줄 수 있다. 불규칙한 건조에 따른 색변화와 소성 수축 균열을 방지하기 위해서는 콘크리트 타설 직후부터 양생을 시작해야 한다. 특별히 온도가 높거나 바람이 강할 경우에는 특별한 양생 화합물을 사용해야 한다.

4.5.7 롤러 다짐 매스 콘크리트

롤러 다짐 매스 콘크리트를 타설하고 다짐한 후에는 다짐층 표면을 일반적인 양생 방법에 따라 양생하고 보호해야 한다. 표면은 습윤 상태를 유지하거나 최소한 수분이 증발하지 않도록 하고, 충분한 강도가 확보될 때까지 극심한 온도 변화로부터 보호되어야 한다.

롤러 다짐 댐 콘크리트의 경우 시간당 2~3 mm 이상의 비가 내릴 경우에는 공사를 중단해야 한다. 비가 내리는 동안 다짐층 상부에서 차량을 사용할 경우에는 타이어가 표면에 손상을 줄 수 있으며, 이러한 경우 전체적인 보수가 가능할 때까지 롤러 다짐 콘크리트가 경화되도록 기다리거나 다짐층 표면 전체를 제거해야 한다. 콘크리트 운반을 위하여 컨베

이어를 사용할 경우에는 차량의 이동이 없으므로 약간의 비가 내릴 경우에도 시공을 계속 할 수 있다. 이 경우에는 습윤 상태가 충분하고 표면 건조의 우려가 없으므로 배합수량을 감소시킬 필요가 있다. 시공 도중에 양생할 때의 큰 규모 공사에서는 살수 트럭을 사용할 수 있으며, 호스를 사용한 수작업은 모든 규모의 공사에서 사용할 수 있다. 트럭은 미세한 안개의 분무가 가능한 분무 노즐을 설치하여 물의 직접 분사에 의한 표면의 손상을 방지하는 장치를 설치해야 한다. 살수 트럭이 접근하기 힘든 부분에는 호스를 이용한 수작업으로 분무할 수 있다. 트럭의 주유, 보수 및 급수하는 동안 표면의 습기를 유지하기 위한 규정을 마련해야 하며, 트럭이 표면에서 최소한의 회전 작업을 할 수 있도록 주의를 기울여야 한다. 매 다짐층마다 트럭을 사용하여 접근하는 것은 비현실적일 수 있으며, 살수 트럭 대신 물탱크와 파이프를 통하여 스프링클러로 물을 분무하는 것이 많은 공사 현장에서 성공적으로 사용되어 왔다. 롤러 다짐 댐 콘크리트의 마지막 층은 적절한 기간 동안 양생되어야 하며, 일반적으로 이 기간은 14일 이상이다. 상대적으로 거친 표면과 시공작업에 의한 표면막의 손상이 발생할 수 있어 표면의 100 퍼센트 보호가 불가능하다는 이유로 피막양생 화합물을 사용하는 것은 적절한 방법이 되지 못한다. 롤러 다짐 콘크리트는 대단면 또는 크기가 큰 부재의 연속 타설공정에 주로 이용되기 때문에 부재특성에 기인한 수화열 발열량이 크므로 주변 기온이 때때로 동결점 이하로 떨어지는 한중에도 콘크리트의 타설이 가능하나, 다음 다짐층에 의하여 표면이 덮여질 때까지 동결점보다 1℃ 이상 높은 온도로 유지해야 한다.

05 장

양생 효과의 평가

5.1 콘크리트 타설 지점에서 기후 조건 평가

대부분의 콘크리트 공사시방서에는 그 공사에 적용될 양생 방법이 양생 기간과 함께 규정되어 있다. 그러나 적용된 양생 방법의 효과를 분석하고 양생 기간 동안의 기후 조건을 평가하는 것은 그 중요성에도 불구하고 시방서에 거의 언급되어 있지 않고 실제 현장에서도 제대로 시행되지 못하고 있다.

콘크리트의 수분과 온도를 적정하게 유지하기 위하여 시공자가 어떤 조치를 취해야 하는지의 여부는 주위 기후 조건, 콘크리트 배합, 경화 후 얻고자 하는 성능 등에 달려 있다. 콘크리트에 과도한 수분 손실이 발생하지 않거나 초기 수분 손실로 인하여 요구 성능을 만족시키지 못할 위험성이 없는 경우에는 콘크리트를 보호하기 위한 구체적인 조치를 취할 필요가 없다. 그러나 대부분의 경우, 양생 기간 동안 양호한 기후 환경이 지속될 가능성은 매우 낮으므로 콘크리트 시공자는 주위 기후 환경에 적합한 양생 조치를 취할 준비를 하고 있어야 한다. 굳은 콘크리트의 성능에 대한 기후 환경의 영향을 판단하는 가장 좋은 방법은 실제로 사용될 콘크리트 배합을 이용한 현장 실험이다.

새로 타설된 콘크리트에 대한 수분 제어 필요성 여부는 그 콘크리트의 수분 손실 속도에 달려 있다. 수분 손실 속도는 단위 수량, 굳지 않은 상태에서 수분 이동의 용이성, 블리딩 속도, 거푸집 및 콘크리트 하부 지반의 수분 흡수 속도, 굳지 않은 콘크리트 표면의 증발 속도 등에 영향을 받는다. 타설 직후 슬래브 상부 등의 콘크리트 표면은 블리딩 등에 의하여 습윤 상태에 놓여 있으므로 수분의 증발이 발생하고 증발 속도가 빨라지면 표층부 콘크리트가 수축하여 표면에 소성 수축 균열이 발생하기 쉽다. 또한 표층부의 강도 발현에도 악영향을 미친다. 콘크리트 표면의 수분 증발 속도는 콘크리트 배합의 성질과 온도, 타설 공법, 표면 거칠기, 주위 기후 조건에 따라 다르다. 또한 표면이 직접적으로 대기에 노출되어 있는지, 아니면 블리딩 수, 양생수 또는 화학물질이나 피복 재료로 덮여 있는지 여부에 따라서도 달라진다.

증발은 콘크리트의 온도, 콘크리트 표면부 물의 온도, 콘크리트 표면 상부의 대기 온도 및 상대습도, 표면과 가까운 곳의 풍속 등 기후 환경 조건에 영향을 받는다. 이와 같은 환경적 요인들과 콘크리트 배합의 특성, 표면의 거칠기 등이 조합되어 증발을 촉진시키기도 하고 억제시키기도 한다.

콘크리트 표면의 물이 증발하는 직접적인 원인은 표면의 증기압과 표면 위 대기 중의 증기압의 차이이고, 증기압의 차이가 클수록 증발 속도는 빨라진다. 콘크리트 표면의 증기압은 표면수의 온도와 관계가 있고, 표면수의 온도는 보통의 경우 콘크리트 표면의 온도와 같다. 따라서 콘크리트 표면의 온도가 상승할수록 표면수의 증기압은 높아진다.

동일한 원리로 콘크리트 표면 상부 대기의 증기압을 낮추면 증기압의 차이가 커지기 때문에 증발은 빨라진다. 대기의 습도가 낮으면 증발 속도가 빨라지지만 기온과 습도가 동시에 낮은 경우의 증발 속도에 대해서는 명확하게 알려져 있지 않다. 기온이 높고 건조한 경우에는 증발 속도가 빨라지는데 이는 공기의 온도가 높기 때문이 아니라 콘크리트의 온도가 상승하여 표면의 증기압을 높이기 때문이다. 풍속도 증발 속도에 영향을 미치는 주요 요인인데, 그 물리적 이유는 증발이 발생하는 콘크리트 표면의 수증기를 바람이 다른 곳으로 날려버리기 때문이다. 바람이 불지 않으면 증발이 발생하는 콘크리트 표면 주위의 공기 중에 수증기가 축적되어 증발 속도가 느려지게 된다. 한편, 콘크리트 표면이 직접 햇빛을 받으면 표면수의 온도가 상승하여 증발이 촉진된다.

5.2 증발 속도의 예측

1800년대 이후 여러 인자들을 활용하여 물의 증발 속도를 예측하기 위한 연구가 진행되어 왔고 그 결과로 몇몇 간이 방법들이 제안되어 있다(Brutsaert 1982 ; Veihmeyer 1964 ;

Uno 1998). 이 방법들은 공통적으로 대기 온도, 상대습도, 물의 온도, 풍속을 주요 인자로 하여 증발 속도를 추정하고 있다. 이 중 콘크리트 분야에서 가장 널리 쓰이는 간이 방법은 수문학 분야에서 사용하고 있는 방법을 응용하여 기후 조건과 증발 속도와의 상관관계를 밝힌 것(Menzel 1954 ; Veihmeyer 1964 ; Uno 1998)으로 미국 레미콘협회(National Ready Mixed Concrete Association, NRMCA, 1960)에서는 이러한 분석 기법을 이용하여 그림 5.1과 같은 노모그래프를 제안하였다.

이 노모그래프는 콘크리트의 소성 수축 균열 발생 위험성을 평가하기 위한 목적으로 증발 속도를 추정하는 데 가장 흔히 사용되는데(Lerch 1957 ; NRMCA 1960), 이것은 증발 속도가 블리딩 속도를 초과할 때 콘크리트의 표면 건조가 시작된다는 Lerch의 가정에 근거한 것이다. 블리딩 속도는 배합에 따라 영에서부터 1.0 kg/m^2/h 이상까지 변화되며 타설 후 경과 시간에 따라 다르고, 일반적으로 현장에서 측정하지 않기 때문에 하나의 대표 값을 블리딩 속도로 가정하고 이를 한계 증발 속도로 가정하여 사용한다. 한계 증발 속도로는 1954년 Menzel과 1955년 Lerch가 제안한 1.0 kg/m^2/h가 가장 많이 쓰이고 있다. 그러나 최근 고성능화에 따른 콘크리트 배합의 물-결합재비 감소, 실리카 퓸 등 미립자 결합재의 사용 등으로 인해 블리딩 속도가 현저히 줄어드는 경우가 많아 콘크리트 공사의 종류에 따라서 이러한 사항들을 고려한 한계 증발 속도가 제시되고 있다. 일례로 실리카 퓸을 혼입한 고성능 콘크리트를 사용한 교량 상판 덧씌우기 공사 결과를 토대로 하여 덧씌우기 공사의 경우에는 최대 허용 증발 속도를 0.25 kg/m^2/h로 제한하고 있다(Virginia DOT 1997). 또한 몇몇 시방서에서는 최근 사용되는 콘크리트의 블리딩 속도가 과거에 비하여 줄어든 것을 고려하여 블리딩 속도로 0.5~0.75 kg/m^2/h를 사용하고 있다. 콘크리트 배합의 블리딩 속도가 영이 되면 표면 건조와 관련된 한계 증발 속도도 영이 된다. 블리딩 속도가 영이라는 것은 콘크리트 배합이 플라이 애쉬나 실리카 퓸, 고로 슬래그 미분말 또는 기타 미분말 포졸란 재료를 다량 포함하고 높은 단위 시멘트양, 낮은 물-결합재비, 높은 공기량 등의 배합비적 특성을 지닌 고밀도 배합임을 의미한다. 배합의 종류에 관계없이 모든 콘크리트는 응결 과정 중에 블리딩 속도가 점진적으로 감소하여 최종적으로 영에 이른다.

콘크리트 표면의 수분 증발 속도는 타설 후 시간이 경과함에 따라 빨라지다가 최대 값을 나타낸 후 감소한다. 최대 증발 속도는 양생 온도가 높고 주변 대기의 풍속이 빠르며 부재가 두꺼운 경우가 일반적으로 크다. 보통 콘크리트의 경우 타설 후 3~6시간 경과 시점에서 증발 속도가 최대가 되는데, 이 시점은 콘크리트 표면이 마르기 시작하는 시점으로 시멘트와 잔 골재 등이 노출되면서 건조 면적이 증대되기 때문이다. 최대 증발 속도가 나타나는 시점은 풍속이 증가할수록 빨라진다.

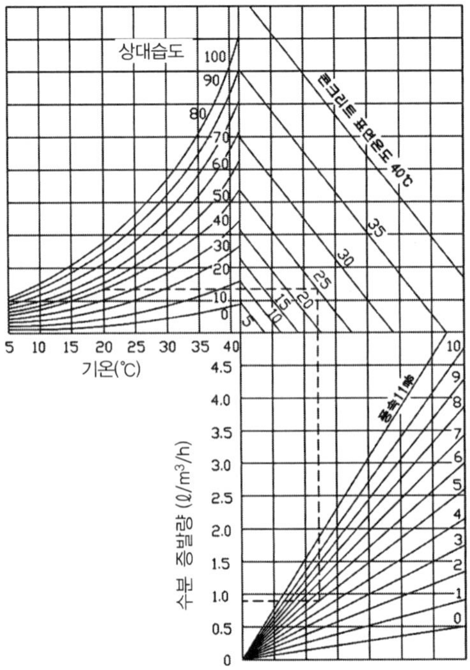

그림 5.1 주어진 기후 환경에서 최대 잠재 증발 속도를 예측하기 위한 노모그래프 (NRMCA 1960)

5.2.1 멘젤/미국 레미콘협회 노모그래프

그림 5.1의 노모그래프는 타설된 콘크리트 주변의 기후 조건에서 발생할 수 있는 최대 증발 속도를 나타낸 것으로 콘크리트 표면의 실제 증발 속도와는 차이가 있을 수 있다. 노모그래프는 대기가 자유수 표면으로부터 물을 증발시키는 최대 능력을 나타내는 '증발성'(evaporativity)을 예측하여 그 값을 제공한다(Jalota와 Prihar 1998 ; Uno 1998). 따라서 콘크리트가 타설되는 곳의 양생과 관련한 기후 환경 조건을 근사적으로 특징짓는 수단으로 유용하게 활용할 수 있다. 즉, 주변 대기와 콘크리트의 온도, 습도, 풍속 등이 증발에 미치는 영향을 평가하여 콘크리트 구조물의 양생 및 보호 조치의 필요성을 예측하는 데 도움이 된다. 노모그래프를 사용하는 데 있어서의 제한 사항은 다음 항 5.2.2에 자세히 기술되어 있다.

5.2.2 노모그래프를 사용할 때의 제한 사항과 정확성

노모그래프는 특정 풍속, 온도, 습도 조건에서 실제 증발 속도 측정 결과를 기초로 얻어진 것이기 때문에 증발 속도 예측을 위한 콘크리트 타설 현장에서의 기후 환경 인자도 노모그래프를 얻을 당시의 시험과 마찬가지로 다음과 같은 방법으로 측정해야 한다.

① 대기 온도는 증발 표면으로부터 1.2~1.8 m 상부의 그늘진 곳에서 측정한다.

② 표면에서 증발하는 물의 온도는 콘크리트의 온도와 같고 직사 광선으로 인한 증발은 없다고 가정한다.

③ 상대습도는 그늘진 곳에서 측정하며 증발 표면 상부 1.2~1.8 m 위치에서 바람을 안고 바람이 부는 쪽에서 측정한다.

④ 풍속은 콘크리트 표면 상부 0.5 m 위치에서 측정한다. 높이에 따른 풍속의 분포도는 노모그래프를 개발할 때의 분포도와 동일한 것으로 가정한다.

Uno(1998), Hover(1992), Shaeles와 Hover(1988), Al-Fadhala와 Hover(2001) 등은 노모그래프의 정확성과 측정 방법의 민감도에 대하여 연구하였다. Al-Fadhala와 Hover(2001)는 기후 환경 조건이 조절되는 풍동실험 결과로부터 Menzel의 보고서(1954)에 명시된 측정 방법을 따를 경우, 노모그래프를 이용한 추정 결과는 증발 속도 1.0 kg/m^2/h까지는 실제 증발 속도와 ±25 퍼센트 이내의 오차를 보인다고 설명하였다. 그러나 그 이상의 증발 속도에서는 노모그래프에 의한 추정이 증발 속도를 과대평가하고 있으며, 증발 속도 1.8 kg/m^2/h에서는 50 퍼센트까지 과대평가하는 것으로 주장하였다.

현장에서 노모그래프를 사용할 때 발생하는 가장 많은 오류는 대상이 되는 구조물의 증발 표면 상부 0.5 m에서 풍속을 측정하지 않는다는 것이다. 표면 풍속은 증발 환경에 큰 영향을 미치고 표면에 놓여 있는 물체 등에 의한 표면 형상과 지배적 풍속 분포도에 따라 달라지기 때문에 보통 지상 2~12 m 높이에서 측정되는 기상대 측정 자료를 사용하게 되면 항상 증발 속도를 과대평가하게 된다. 또한 콘크리트 타설에 걸리는 시간 중의 평균 증발 속도는 그 시간 범위에서 평균 풍속과 관계가 있고 풍속은 짧은 시간에도 크게 변화하므로 풍속을 한번만 측정하여 사용하게 되면 증발 속도를 잘못 예측할 수도 있다.

노모그래프의 추정 값은 호수나 저수지 등의 환경과 동일하게 물로 완전히 뒤덮인 표면의 수분 증발 속도이기 때문에 콘크리트를 대상으로 얻은 결과는 표면이 블리딩 수로 덮여 있을 때에만 근사적인 수분 손실 값으로 유효하다. Al-Fadhala와 Hover(2001)는 콘크리트 시험체가 블리딩 수로 덮여 있는, 타설 후 짧은 시간 동안에는 노모그래프가 증발 속도를 잘 예측한다는 것을 보여 주었다. 콘크리트 표면의 실제 증발 속도는 타설 후 3시간이 경과한 시점에서는 물로 완전히 덮여 있는 초기 상태의 50 퍼센트로 감소하였으며 8시간 이후에는 10 퍼센트로 감소하였다. 이러한 결과는 Berhane(1984)의 연구 결과와 유사하며, 시멘트의 수화 반응이 진행되면서 페이스트 내의 공극이 감소하여 콘크리트의 수분 이동, 즉 블리딩양이 줄어들어 증발할 수 있는 표면수의 양도 감소하기 때문이다. 현재까지는 표면이 물로 완전히 덮여 있는 경우 이외에는 증발 속도를 예측하는 표준화된 기술은 없다(Berhane 1984, 1985 ; Mather 1984 ; Shaeles and Hover 1988 ; Al-Fadhala and Hover 2001).

앞에서 언급한 바와 같이 기후 환경 조건은 기본적으로 변동이 크고 노모그래프 자체가 실험에 의해 개발되었다는 특성 때문에 노모그래프를 이용하는 방법은 콘크리트 타설 지점에서의 증발 환경 특성을 개략적으로 파악하는 데 이용된다. 즉, 대기 온도, 콘크리트 표면 온도, 풍속 등 증발에 영향을 미치는 인자들이 상호작용하여 증발 속도를 빠르게 하는지 느리게 하는지를 예측할 수 있도록 해 준다. 노모그래프를 이용한 예측 결과는 현장의 실제 증발 속도와 비교할 때 25 퍼센트 이내의 오차를 가질 가능성이 크다. Uno(1998), Brutsaert(1987), Shaeles와 Hover(1988)는 수문학 관련 문헌에 소개되어 있는 증발 예측 방법 중 몇 가지 방법을 소개하고 있다.

5.2.3 기타 증발 속도 예측 방법

농작물 표면의 증발 속도를 예측하여 농업 기술에 적용하기 위한 원격 센서 장치가 개발되어 있다. 한정된 실험 결과이긴 하지만 Idso 등(1968, 1969)이 원예 분야에서 활용한 기기가 콘크리트 표면의 증발 속도를 예측하는 데 유용하다는 보고가 있다.

콘크리트 표면의 증발 속도를 좀 더 정확하게 예측할 수 있는 방법으로는 농업 분야나 기상 분야에서 쓰이는 증발 팬과 기록 장치를 활용하는 방법이 있고, 이러한 방법들을 개량하여 증발 환경에 노출된 창고 구조물 표면의 증발 속도를 측정하는 데 적용한 사례가 있다(Shaeles and Hover 1988 ; Al-Fadhala and Hover 2001 ; Krauss and Rogalla 1996).

증발 속도를 추정하는 데 있어 어떤 방법을 사용하든지 간에 증발 속도는 지역 및 위치에 따라 크게 변화하며, 가장 믿을 수 있는 증발 속도는 콘크리트 타설과 마감, 그리고 양생을 할 때 콘크리트 표면에서 측정한 값이라는 것을 인지하는 것이 중요하다. 인근 기상대나 공항, 지역 신문의 기상 보도 등에서 얻은 자료를 활용하여 특정 콘크리트 공사 현장의 증발 환경을 추정하는 것은 증발 속도를 계산하는 데 심각한 오류를 가져올 수 있다(Falconi 1996).

5.3 양생 효과의 정량적 분석

5.3.1 양생 방법의 검사

어떤 콘크리트 공사 현장에 대하여 특정 양생 방법의 사용이 결정되면 해당 시방서에 따라 양생이 적절하게 수행되고 있는지를 평가하게 된다. 예를 들어, 3일간의 수중 양생을 하도록 시방서에 규정되어 있으면 감독·감리자는 콘크리트가 지속적으로 물에 잠겨 있는 기간을 관찰한다. 마찬가지로 비닐이나 기타 재료로 피복하도록 규정되어 있으면 감독자는 콘크리트가 지정된 기간만큼 지속적으로 피복되었는지를 관찰한다.

한편, 액상의 양생 도막이 사용되고 도포 속도가 시방서 또는 제품 사용 설명서에 따라 결정이 되면 실제 작업의 평균 도포 속도는 일정 면적에 사용된 액상 재료의 양으로부터 계산할 수 있다. 사용된 재료의 양은 도포 작업이 끝난 후 빈 용기의 개수로부터 계산할 수 있는데, 경험적 관찰로부터 좀 더 신뢰성이 있는 값을 얻을 수 있다. 양생 재료 살포 장비를 사용하는 경우에는 호스 또는 노즐로부터 나오는 유출 속도를 측정하는 방법도 가능하다. 그러나 콘크리트 표면이 거친 경우의 도포 면적은 슬래브 겉보기 면적의 2배 이상이 되는 경우도 있어 도포 속도를 확인하는 것이 쉽지 않다(Shariat와 Pant 1984). 이러한 경우는 슬래브뿐만 아니라 미관상의 이유로 콘크리트 표면을 인공적으로 거칠게 마무리한 부재에도 해당된다.

도포율과 도포 속도의 상관관계에 대한 정성적인 감을 얻기 위하여 해당 재료를 콘크리트 표면 일부에 시험 도포해 보는 것이 바람직하다. 예를 들어, 도포를 두껍게 할 경우 콘크리트 표면이 반짝거리며 표면 요철로 인한 낮은 부위에는 도포제가 고이는 현상이 나타난다. 일단 충분한 두께로 도포되었다고 생각되는 경우 도포제가 눈에 잘 보이지 않는 표면 부위는 해당 시방서의 요구 조건을 충족시키지 못하였다고 판단할 수 있다.

5.3.2 주위 환경이 양생에 미치는 효과의 측정

분무, 방풍막 설치, 급열 등과 같은 양생을 위한 조치들은 콘크리트의 양생 환경을 개선한다. 앞에서 언급한 바와 같이 이러한 조치들에 의한 효과는 온도, 습도 또는 풍속의 측정을 통하여 직접적으로 관찰할 수 있다. 증발 속도에 대한 효과는 이러한 조치들을 취하기 전후의 증발 조건들을 비교하거나 다른 간접적인 방법으로 평가할 수 있다. 증발 속도에 대한 간접적인 평가는 콘크리트의 표면 온도에 대한 증발 냉각의 효과에서 착안한 것으로 증발 속도가 빨라지면 증발 냉각 효과에 의해 콘크리트 표면 온도가 저하된다.

Folliard와 Hover(1989)는 직사 광선이 없는 실내에서 수행한 실험으로부터 콘크리트 표면 온도를 변화시킬 다른 인자가 없는 상태에서 고체 양생 혼합물을 사용하면 증발 속도가 즉시 감소하고 표면 온도는 급속히 상승한다는 사실을 밝혀내었다.

5.3.3 온도와 습도의 측정

양생은 콘크리트 내부 및 표면의 수분 손실을 줄이고 시멘트계 재료가 원활한 수화반응을 일으키도록 온도를 제어한다. 따라서 양생 효과는 온도와 내부 수분 함량이 제어되는 정도 또는 수화가 진행된 정도와 그에 따른 콘크리트 성능의 발현 정도로부터 평가할 수 있다.

콘크리트 온도를 직접적으로 측정하는 데에는 여러 가지 방법이 있다. 굳지 않은 콘크리트의 온도 측정을 위하여 내부에 온도계를 매입하는 방법은 응결 이후의 콘크리트 온도 측정에는 효과가 거의 없는 반면, 매립형 열전대는 비용도 저렴하고 굳지 않은 콘크리트나 굳은 콘크리트의 여러 위치와 깊이에 설치할 수 있어 효과적이다. 특별하게 설계된 표면 온도계도 유용하게 사용될 수 있다. 고온도계나 적외선 장치를 사용하면 원격으로 표면 온도를 측정할 수 있다.

콘크리트 내부 수분량이나 내부 상대습도는 요구되는 정밀도에 따라 다양한 장비를 이용하여 측정할 수 있다. 일반적으로 가격이 상대적으로 저렴한 매립형 수분 게이지나 전기식 수분·습도 게이지가 사용된다.

이러한 장비를 사용하면 콘크리트가 지정된 기간 동안 특정 범위의 온도와 습도를 유지하도록 요구하는 시방서의 양생 관련 사항을 만족시키는지 여부를 검사할 수 있다. 또한 수축이나 균열, 얇은 부재의 건조 등 유해한 현상의 발생 위험도를 평가하는 데에도 사용될 수 있다. 유해한 현상은 콘크리트의 구성 재료와 배합비, 내부 온도와 습도, 내부의 온도 및 습도 구배 등과 관계가 있다.

5.3.4 성숙도법

성숙도법은 양생 중의 콘크리트 성능 발현에 대한 시간과 온도의 누적 효과를 예측하기 위한 수단으로 개발되었다. 이 방법은 시멘트와 물의 반응 속도에 대한 온도의 영향에 이론적 근거를 두고 있으며, 콘크리트의 온도가 높을수록 시멘트의 수화반응은 빨라지고 강도를 비롯한 성능의 발현이 빨라진다고 가정한다. 콘크리트의 성숙도는 수화반응이 진행됨에 따라 증가된다.

성숙도법을 적용하기 위해서는 시간 경과에 따라 구조물에 타설된 콘크리트의 온도를 측정하여 콘크리트의 성숙도에 대한 시간-온도 이력 효과를 계산할 필요가 있다. 실험실에서는 현장과 동일한 재료 및 배합비로 표준 시험체를 제작하고 여러 경우의 경과 시간과 양생 온도에 대하여 성숙도와 강도를 비롯한 콘크리트 성질과의 관계를 분석하는 작업이 수행되어야 한다. 이러한 일련의 작업이 선행된 후 실험실에서 분석된 강도-성숙도 관계와 현장에서 측정된 성숙도로부터 현장 콘크리트의 강도를 추정한다. 주의할 점은 성숙도와 강도의 상관관계 분석에 사용된 시험체의 배합은 구조체에 사용된 콘크리트의 배합과 동일해야 하고 수화반응에 필요한 물은 충분하다는 사실을 확인해야 한다. 성숙도법에 대한 자세한 내용은 ASTM C 1704 및 다른 여러 문헌(Carino 1991 ; ACI 306R ; ACI 228.1R)에 설명되어 있다.

한편, 성숙도 계산에 필요한 온도 기록을 통하여 콘크리트 온도 제어에 대한 특정 양생 방법의 효과를 직접적으로 관찰할 수 있다. 현재 대부분의 성숙도법에서는 습도를 기록하지 않는데, 그 이유는 구조체의 습도 조건과 시험체의 습도 조건이 동일하여 온도 차이만으로 수화반응 속도를 알 수 있다고 가정하기 때문이다. 수분이 충분하게 공급되지 못하여 수화반응이 지장을 받는 경우에는 성숙도법에 의한 콘크리트의 성질 예측에 상당한 오류가 발생할 수 있다. 일례로 수중 양생의 시험체로부터 얻은 강도-성숙도 관계를, 온도는 동일하게 유지되지만 건조가 발생하여 수분이 충분하게 공급되지 못한 현장 콘크리트에 적용할 경우 강도를 과대평가하게 된다. 양생 효과에 따른 콘크리트 성능 발현을 좀 더 정확하게 예측하기 위해서는 향후 콘크리트 성능 발현에 있어 온도와 습도의 효과를 동시에 정량적으로 평가하는 성숙도 방법이 개발되어야 하며, 양생 효과를 종합적으로 계측하는 방법에 관해서도 지속적인 관심을 가져야 할 것이다.

5.3.5 양생 효과를 평가하기 위한 양생 영향 영역에서 콘크리트의 성질 측정

양생의 궁극적인 목적은 콘크리트의 성능이 적절하게 발현되도록 하는 것이기 때문에 양생 효과에 대한 최종 시험은 이러한 특성들이 제대로 발현되었는지를 측정하는 것이다(Wainwright 등 1990). 실제로 굳은 콘크리트의 모든 성질이 양생에 영향을 받지만 양생 방법의 적합성 여부는 양생 영향 영역에서 콘크리트의 성질을 측정함으로써 가장 쉽게 판정할 수 있다.

양생 영향 영역(Cather 1992)의 두께는 사용 재료 및 배합비를 포함한 콘크리트의 각종

표 5.1 양생 영향 영역의 특성 평가 방법

양생에 민감한 표면부 콘크리트의 성질	참고 문헌
수화도	Wainwright et al. 1990
수은함침법에 의한 공극 크기 분포	Wainwright et al. 1990
투기성	Wainwright et al. 1990
	Ballim 1993
	Kollek 1989
	Nolan et al. 1997
	Basheer et al. 1990
	Dhir et al. 1995
	Ben-Othman and Buenfeld 1990
	Parrott 1995
	Dinku and Reinhardt 1997
	Figg 1973
	Tang and Nilson 1986
	Montgomery et al. 1992
초기 표면 흡수성	BS 1881 : Part 5, 1970 ; Part 122, 1983 ; Part 208, 1996
	ASTM C 1151 ; Senbetta and Scholer 1984
	Hooton et al. 1993
	DeSouza et al. 1997
	DeSouza et al. 1998
표면 투수성/흡수 시험 장치	Nolan et al. 1997
	Basheer et al. 1990
	McCarter et al. 1996
	Balayssac et al. 1993
	Ballim 1993
	Figg 1973
	Concrete Society 1988
	Dhir et al. 1987
	McCarter 1995
	Price and Bamforth 1991
	Sabir et al. 1998
	Balayssac et al. 1998
	Montgomery et al. 1992
내부 함수량	Parrott 1995
	McCarter et al. 1996
	Nolan et al. 1997
	Persson 1997
표면 인발법에 의한 인장강도	Nolan et al. 1997
	Long and Murray 1984
	Montgomery et al. 1992
탄산화 깊이	Dinku and Reinhardt 1997
	RILEM Recommendations CPC-18 1988
	Nolan et al. 1997
	Balayssac et al. 1993
	Bier 1987
마모 저항성	Montgomery et al. 1992
	Sawyer 1957

성질, 콘크리트 내부 온도 구배 및 습도 구배, 양생 기간 등에 따라 변한다. 예를 들어, 보통 콘크리트의 경우는 재령 28일에 10~13 mm 정도(Hover 1984 ; Cather 1992 ; Dhir 등 1986-92)인 반면, 물-시멘트비가 낮고 28일 압축강도가 55 MPa인 콘크리트의 양생 영향 영역은 1년간 수중 양생을 하더라도 표면으로부터 6~10 mm 정도밖에 되지 않는다(Hover 1984). 그러나 두께와 상관 없이 양생 영향 영역의 특성이 콘크리트의 내구성과 사용성에 가장 큰 영향을 미치는데, 공장 바닥 슬래브의 경우 슬래브 상부 6 mm가 전체 콘크리트의 성능 발휘에 가장 큰 영향을 주는 것이 한 예이다.

양생 영향 영역은 두께가 얇기 때문에 그 부위에서 채취한 코어의 압축강도를 측정하는 것과 같은 방법으로는 양생의 효과를 평가하는 데 한계가 있다. 양생의 효과가 가장 민감하게 나타나는 양생 영향 영역의 콘크리트 특성과 이를 평가하는 시험 방법이 기술된 참고 문헌은 표 5.1과 같다.

06 장

표준 시험 방법

6.1 개요

콘크리트가 일반적으로 가져야 할 성능을 얻기 위해서는 양생을 적절하게 하는 것이 중요하다. 콘크리트 시방서에 규정된 양생 기간은 타설된 콘크리트 구조물이 충분한 강도를 갖도록 하며, 콘크리트 표면이 급속히 건조되어 수축 균열이 발생되는 것을 방지하기 위한 목적이 있다. 콘크리트가 타설된 이후로도 보호되는지, 또한 적절한 양생은 진행되고 있는지를 관찰할 필요가 있으며, 충분한 보호 및 양생, 적절한 지지물의 유지 관리 작업은 콘크리트 작업의 전체 시공 기간에 걸쳐 계속되어야 한다.

구조물을 설계할 때 일반적으로 재령 28일의 압축강도를 기준하여 콘크리트의 품질을 판단한다. 시험 결과를 신속하게 조기에 얻을 수 있는 방법을 사용하여 관리하는 것이 바람직하며, 성형 후에는 공시체 온도, 양생 온도 등에 따라 시험 값이 큰 영향을 받으므로 공시체를 제작, 취급할 때 주의할 필요가 있다. 또한 콘크리트는 내구성, 수밀성 및 강재를 보호하는 성능 등을 가지며 품질이 균일해야 한다. 내구성과 관련된 중성화나 동결 융해에 의한 주변환경의 영향과 구조물 외부로부터 침투되는 염화물 등을 고려하여 정해진 각종 시험을 실시하며, 소정의 조건을 만족하는지를 표준 시험 방법을 이용하여 확인할 필요가 있다.

6.2 굳지 않은 콘크리트 시험 방법

6.2.1 블리딩

블리딩은 일종의 분리 현상으로 혼합수가 시멘트 입자 및 골재의 침하에 의해서 위로 떠올라 생기는 현상이다. 상승한 물은 골재나 수평 철근의 아래에 공극을 만들어 골재와 시멘트 페이스트 또는 굵은 골재와 모르타르, 철근과 콘크리트의 부착을 나쁘게 하고, 콘크리트의 강도 저하 및 구조물의 내력 저하의 원인이 된다. 그러므로 콘크리트의 기본적 성질로 블리딩이 어느 정도 발생하는가를 파악하는 것은 매우 중요하며, 콘크리트가 사용되는 조건에서 어떤 블리딩이 생기는가를 추측하기 위해 시험을 통해 블리딩 수량의 백분율로 하는 블리딩률과 단위 면적당 블리딩 수량으로 나타내는 블리딩양(mm^3/mm^2)으로 평가한다.

일반적으로 KS F 2414 「콘크리트의 블리딩 시험 방법」에 따르며, 혼합된 콘크리트를 용기에 넣고 다짐을 한 후 일정한 시간 동안 표면에 생긴 블리딩수를 추출하여 평가한다.

6.2.2 응결 시간

시멘트가 물과 수화반응하여 굳지 않은 콘크리트 내에서 응고가 시작되는 상태를 응결이라고 한다. 이 변화는 응결의 초결과 종결로 구분할 수 있으며, 굳지 않는 콘크리트가 더 이상 비빔, 타설, 다짐 등을 할 수 없는 단계를 초결이라 하고, 시간 경과에 따라 굳으면서 강도 발현이 시작되는 대략적인 시간을 종결이라 한다. 응결 시간은 콘크리트 치기와

표 6.1 블리딩 시험 방법

표준 시험 번호	시험 종류	시험 방법	장점	단점	비고
KS F 2414	콘크리트의 블리딩 시험 방법	• 굵은 골재의 최대 치수가 50 mm 이하인 콘크리트 블리딩양과 블리딩률을 측정	• 시험이 간단 • 유용한 장비가 있음.	• 시험할 때 온도와 작업 정밀도에 따라 편차가 커짐	• 콘크리트 표면이 최소 작업에서 평활한 면이 되도록 함.
ASTM C 232		• A법 : KS와 동일 • B법 : 진동을 가한 경우의 콘크리트 블리딩률을 구하는 방법	• 두 조건에서 시험을 실시 • 시험 데이터 비교 가능	• 시험 장비, 절차가 복잡	

밀접한 관계가 있어서 응결이 너무 빠르게 진행되면 시공이 곤란하고, 지나치게 응결이 지연되면 거푸집 제거 시기가 늦어져 공기가 지연되기 때문에 시멘트의 초결 시간과 종결 시간을 알아야 한다.

일반적으로 콘크리트 응결 시간은 현장에서 많이 사용되는 KS F 2436「관입저항침에 의한 콘크리트 응결 시간 시험 방법」에 따라 시험을 실시하며, 시험 방법은 슬럼프가 영보다 큰 콘크리트에서 체로 쳐서 얻은 모르타르에 관입침을 25 mm 될 때까지 관입하여 계산한다. 보통의 배합에 대해 최초 시험은 시멘트와 물이 처음 접촉한 이후로부터 경과 시간이 3~4시간일 때 하고, 이후의 시험은 30분 ~ 1시간 간격으로 실시한다. 이때 계산된 관입 저항이 3.5 MPa이 될 때의 시간을 초결 시간, 28 MPa에 도달하는 시간을 종결 시간으로 하고, 개별 시간 결과의 평균값을 시간, 분까지 계산한다.

그 외 실험실에서는 KS L 5108「비카트 침에 의한 수경성 시멘트의 응결 시간 시험 방법」을 사용한다. 이 시험은 어떤 특정 값에 도달할 때까지 표준 주도를 가진 페이스트 속에 들어가는 바늘의 침입도를 관찰하여 응결 시간을 측정한다. ISO 규정에 따르면 바닥판과 침이 4 ± 1 mm 될 때 초결로 보며, 시험체를 뒤집어 0.5 mm 침입될 때를 종결로 본다.

표 6.2 응결 시간 시험 방법

표준 시험 번호	시험 종류	시험 방법	장점	단점	비고
KS F 2436 ASTM C 403/403M	관입저항침에 의한 콘크리트 응결 시간 시험 방법	• 슬럼프가 0보다 큰 콘크리트에서 체로 쳐서 얻은 모르타르에 대해 관입 저항을 측정하여 응결 시간을 측정	• 현장 조건뿐만 아니라 잘 조절된 실험실 조건에서도 적용 가능 • 유효한 장비가 있고 시험이 간단	• 시험 결과를 알기 위해 여러 과정이 필요 • 시험 데이터의 정밀도가 요구	• 시험 결과를 간단히 알 수 있는 방법 필요 • KS와 ASTM 시험 방법 동일
KS L 5108 ASTM C 1916	비카트 침에 의한 수경성 시멘트의 응결 시간 시험 방법	• 비카트 침에 의한 수경성 시멘트의 응결 시간 시험 방법	• 결과에 중대한 영향을 끼치지 않을 경우 대안적 방법 허용 • 유효한 장비가 있고 시험이 간단	• 실험실에서만 가능 • 온도, 습도 유지 필요	• KS와 ASTM 시험 방법 동일 • 세부적으로 변경된 내용은 ISO 9597 규정을 적용

6.3 굳은 콘크리트 시험 방법

6.3.1 성숙도

성숙도는 콘크리트의 양생 온도와 강도의 상관관계를 나타낸 것이다. 한국산업규격(KS)에는 관련된 시험 방법이 제시되어 있지 않으며, ASTM C 1074에서 제안되어 있다.

ASTM C 1074에 제안된 측정 방법은 15개의 원주 시험체를 준비하고, 최소한 두 개의 시험체에 온도 센서를 설치하여 온도 기록 장치에 연결한다. 압축강도는 재령 1, 3, 7, 14, 28일에서 각각 두 개의 시험체로 압축시험을 실시하고 평균값을 계산한다. 만약 시험체의 압축강도의 범위가 평균 압축강도의 10 퍼센트 초과하면 다른 시험체로 시험하고, 3번의 시험 평균값으로 한다. 측정된 압축강도와 온도 기록 장치에서 측정된 온도와 시간을 두 개의 제시된 식으로 성숙도 지수를 계산하여 그래프로 나타낸다. 식 (6.1)은 콘크리트 강도를 양생 온도와 시간과의 함수로 나타낸 것이고, 식 (6.2)는 등가 재령에 따른 시간과의 함수를 나타낸 것이다. 식 (6.2)는 복잡하므로 일반적으로 계산하기 쉽고 간편한 식 (6.1)을 사용한다.

$$M(t) = \sum (T_a - T_0)\Delta t \qquad (6.1)$$

여기서, $M(t)$ = 콘크리트 성숙도 (℃ · h)

Δt = 기간 (일 또는 시)

T_a = 시간이 증가하는 동안의 콘크리트 평균 온도

T_0 = 기준 온도 (대체적으로 −10 ℃를 사용)

$$t_e = \sum \exp(-\frac{E}{R}(T_a - T_o)\Delta t) \qquad (6.2)$$

여기서, t_e = 등가재령

Δt = 기간 (일 또는 시)

T_a = 시간이 증가하는 동안의 콘크리트 평균 온도

T_0 = 기준 온도 (대체적으로 20 ℃ 양생 온도를 사용)

E = 활성화 에너지 (KJ/mol)

R = 가스상수 8.31 (KJ/mol · K)

표 6.3 성숙도 시험 방법

표준 시험 번호	시험 종류	시험 방법	장점	단점	비고
ASTM C 1074	성숙도 방법에 의한 콘크리트 강도 추정	압축강도와 온도기록 장치에서 측정된 온도와 시간에 따라 강도를 추정	현장의 콘크리트에 대한 강도 예측과 측정치를 알 수가 있음	온도, 시간에 의한 예상 값으로 오차가 존재	KS에는 규정되어 있지 않음.

6.3.2 마모 저항

콘크리트는 도로 포장판이나 교량의 상판에 있어 대량의 자동차 교통, 댐과 제방 등의 수리 구조물에 있어서는 파도와 유수, 입자나 암석 등에 의해 극심한 마모 작용을 받는다. 이와 같이 콘크리트가 그 표면으로부터 기계적인 손상을 받는 현상을 마모라 하고, 이런 마모 현상에 저항하는 능력을 마모 저항성이라 한다. 콘크리트의 마모 저항성을 측정하기 위한 시험 방법은 KS F 2429에 따르며, 이 시험 방법은 규사의 공기 흐름에 의한 충격으로 측정하는 방법으로 시험편의 질량을 측정하고 모래 분사 기계의 노즐축에 직각으로, 그리고 노즐 끝에서 75±2 mm 되는 거리에 고정시킨 다음 1분 동안 분사한다. 이러한 방법을 8곳 이상의 다른 점에도 반복하고, 시험편을 다시 2시간 물속에 담가 깨끗하게 씻고 질량을 측정하여 마모 감량 값을 구한다. 마모 저항 값이 작을수록 유리하다.

6.3.3 압축강도

콘크리트 강도라 하면 압축강도를 말한다. 압축강도 이외에 인장·휨·전단·부착강도 등이 필요하다. 이 강도들은 대체적으로 압축강도로써 판단할 수 있기 때문에 압축강도가 콘크리트 역학적 기능을 대표하는 것으로 매우 중요시되고 있다. 일반 구조물에서 콘크리트의 강도는 표준양생을 한 재령 28일의 압축강도를 기준으로 하며, 표준적인 콘크리트의

표 6.4 마모 저항 시험 방법

표준 시험 번호	시험 종류	시험 방법	장점	단점	비고
KS F 2429 ASTM C 418	콘크리트 마모 저항 시험 방법	콘크리트의 마모 저항 성능을 규사의 공기 흐름에 의한 충격으로 측정	시험이 간단	시험 데이터의 정밀도가 요구	KS와 ASTM 시험 방법 동일

압축강도 시험방법은 KS F 2405에 따라 실시하게 되는데, 일반적으로 현장에 반입된 콘크리트의 압축강도를 평가하기 위해서는 콘크리트 타설 작업시 제작한 시험용 공시체를 표준양생(20±2℃, 수중) 조건에서 양생한 후, 계획된 재령(3일, 7일, 28일 등)에 따라 시험하게 된다. 일반적으로 재령 28일의 압축강도를 콘크리트의 호칭강도로 정하고 있으며, 시험용 공시체의 1회(공시체 3개) 시험결과 값이 호칭강도 값의 85% 이상이고, 3회(공시체 9개) 시험의 평균값이 호칭강도값 이상이어야 한다. 한편, 현장에 반입된 콘크리트를 대상으로 표준양생한 경우와 실제 구조물에 타설된 콘크리트의 압축강도발현 특성이 매우 상이하게 되는데, 이때 실제 구조물에 적용된 콘크리트의 압축강도를 평가하기 위한 공시체는 현장수중양생, 현장봉함양생 또는 온도추종양생 등의 방법으로 양생하는 것이 바람직하다. 이는 수직·수평 거푸집이나 동바리의 제거시기 결정 및 구조물의 건전성 평가 등에 매우 유용하다.

그 외 슈미트 해머로 콘크리트의 반발경도를 측정함으로써 콘크리트의 압축강도를 추정하는 경우가 있으나, 그 결과에 대한 신뢰성이 높지 않은 것으로 알려져 있다. 따라서 슈

표 6.5 압축강도 시험방법

표준 시험방법	시험종류	시험방법	장점	단점	비고
KS F 2405	콘크리트 압축강도 시험방법	• 시험용 공시체를 표준양생, 현장봉함 및 현장수중양생, 또는 온도추종양생 등을 실시 한 후, 일정기간에 강도를 측정	• 시험이 간단 • 유용한 장비가 있음	• 고강도의 경우 측정재령이 길다.(56, 91일)	• 하중속도 : 0.6±0.4 ($N/mm^2 \cdot s$)
ISO 4012					• 하중속도 : 0.6±0.4 ($N/mm^2 \cdot s$) • 강도 : 계산 후, 0.5 (N/mm^2)의 정밀도 • 밀도측정 : 0.3%
ASTM C 172					• 하중속도 : 0.25±0.05 (MPa/s) • 강도 : 계산 후, 0.1 MPa의 정밀도 • 밀도측정 : 0.3%
ASTM C 39					
KS F 2730	콘크리트 압축강도 추정을 위한 비파괴 시험방법 (반발경도법)	• 슈미트 해머를 사용하여 현장 콘크리트의 반발경도를 측정하여 콘크리트 압축강도를 추정	• 시험이 간단 • 유용한 장비가 있음	• 직접 강도시험에 비해 신뢰성이 다소 낮음 • 강도 측정의 보조수단	• 복합법에 의해 신뢰성 향상 필요 • KS와 ASTM 시험방법 동일
ASTM C 805					

미트 해머를 이용한 반발경도법은 간접적으로 콘크리트의 균일성을 확인하고, 재령별 강도 발현 양상 등을 추정할 목적으로만 활용하는 것이 바람직하다.

6.3.4 투기성

투기성은 일정한 압력을 가하여 공기 중의 산소 또는 가스 등의 기체가 콘크리트를 통과하는 재료 특성을 말하며, 공극 내부에서 층류의 모습을 나타낸다. 투기계수를 계산하기 위해서는 가스의 점성과 압축률을 고려해야 한다. 현재 국내외에는 콘크리트 투기성 시험 방법이 표준화되어 있지 않아 식 (6.3)의 이론식을 주로 사용한다. 이 식은 층류에서만 적용할 수 있다.

$$K_g = \eta \frac{Ql}{tA} \frac{2p}{(p_1 - p_2)(p_1 + p_2)} \tag{6.3}$$

여기서 , K_g = 투기계수 (m^2) η = 가스의 점성 (Ns/m^2)

Q = 흐르는 가스의 체적 (m^3) ℓ = 통과된 단면의 두께 (m)

A = 통과된 면적 (m^2) P = Q 체적에서 측정된 압력

P_1 = 가스의 유입 압력 (N/m^2) P_2 = 가스의 유출 압력 (N/m^2)

t = 시간 (s)

일반적인 투기성 시험은 원주 시험체를 제작하고, 콘크리트의 함수율에 영향을 받으므로 시험체를 약 1주일 정도 건조시킨다. 건조된 시험체에 높은 압력으로 가스를 유입하고, 시험체를 통과한 가스가 상면에 설치된 관을 통과하여 유출된다. 이때의 유입 압력과 유출 압력을 측정한다. 압축이 가능한 유체는 압력에 따라 기체의 흐름양이 변하게 되고, 가스의 경우 침투성이 액체보다 높아서 물리적인 특성과 압력에 따라 변하기 때문에 투기계수를 계산할 때 수정 값이 필요하다.

6.3.5 동결 융해

콘크리트는 다공질이기 때문에 습기나 수분을 흡수하며, 결빙점 이하의 온도에서는 흡수된 수분이 동결하면서 수분의 동결 팽창에 따른 정수압으로 콘크리트 조직에 미세한 균열이 발생하게 된다. 이러한 현상을 동결이라 하고, 또한 이러한 동결 융해의 반복으로 콘크리트 내구성이 저하되기 때문에 사용 재료, 배합설계 등에 유의해야 한다. 이러한 작용이 내부로 진전되면서 철근부식 및 중성화 촉진 등과 같은 복합적인 내구성의 저하 요인이 된다.

표 6.6 동결 융해 시험 방법

표준 시험 번호	시험 종류	시험 방법	장점	단점	비고
KS F 2456	급속 동결 융해에 대한 콘크리트 저항 시험 방법	시험실 내에서 동결 융해의 급속 반복 사이클로 인한 콘크리트 공시체의 저항을 측정	두 가지 시험 방법을 구분하여 적용	시험 데이터의 정밀도가 요구	KS와 ASTM 시험 방법 동일
ASTM C 666-97					

콘크리트의 품질 변화가 동결 융해 저항성에 끼치는 영향을 판정하기 위해 KS F 2456 시험 방법에 따라 실시한다. 이 시험 방법은 두 가지 방법으로 구분하며, A 방법은 수중 급속 동결 융해 시험 과정이고, B 방법은 공기 중에서 급속 동결하여 수중에서 융해시키는 시험 과정이다. 시험용 공시체를 14일간 양생한 후 변형 진동의 1차 공명 진동수와 질량을 측정하고, 동결 융해 사이클이 300 사이클일 때 또는 그때까지 상대 동탄성계수가 60 퍼센트 이하가 되는 사이클이 있으면 그 사이클에서 시험을 종료한다. 평가 지표로 상대 동탄성계수와 내구성 지수를 계산하여 저항성을 평가하며, 상대 동탄성계수가 80 퍼센트 이상이면 안정, 80 퍼센트 이하이면 불안정으로 본다. 일반적으로 A 법이 B 법에 비해 상대 동탄성계수가 낮게 나타난다.

6.3.6 스켈링 저항성

최근 들어 동절기에 도로 및 주차장 등에서 눈이나 얼음을 쉽게 제거하기 위해 제설제(주로 염화칼슘계 및 염화나트륨계)의 사용이 증가하고 있다. 이에 따라 콘크리트 제품인 도로측구나 교량 연석에서 조기 스켈링 열화가 발생되어 발주처 및 시공사 간에 문제 발생의 원인에 대한 분쟁이 끊이지 않고 있다. 콘크리트 표준시방서에서는 제설융빙제를 사용할 경우 최소 30MPa 이상의 설계기준강도로 설계하도록 하고 있으나, 설계단계에서 내구성에 관한 중요성 보다는 경제성에 의해 낮은 강도로 설계되고 있는 실정이다. 콘크리트 구조물에 제설융빙제를 살포할 경우 염분에 의한 모세관 공극 내 이온 불균형 발생, 수산화칼슘의 용출속도 증가로 콘크리트 조직의 다공질화, 모세관 용액의 동결 및 삼투압에 의한 얼음 결정 성장촉진 등의 메커니즘을 통해 스켈링이 급격히 촉진되는 것으로 알려져 있다.

스켈링 저항성에 대한 KS 시험방법은 폐지되어 ASTM C 672에 따라 평가한다. 이 시험 방법은 결빙 방지 약품이 존재할 때 동결융해 사이클에 노출된 콘크리트 수평 표면에 대한 스켈링 저항성 측정방법으로 표면 저항을 육안검사에 의하여 물질의 성분이나 성질을 평가하는 데 그 목적이 있고, 스켈링 저항성에 대한 배합비, 표면처리, 양생 또는 다른 변수 등이 미치는 영향을 평가하는 데 사용할 수 있다. 시험결과는 50 사이클에서 육안으로 0~5 등급으로 나누어 좋고 나쁨으로 평가한다.

표 6.7 스켈링 저항성 시험 방법

표준 시험 번호	시험 종류	시험 방법	장점	단점	비고
ASTM C 672	결빙 방지 약품에 노출된 콘크리트의 스켈링 저항성에 대한 시험 방법	결빙 방지용 화약 약품이 존재하는 상태하에서, 주기적인 동결 융해 작용을 받는 콘크리트 수평 표면의 박리 저항을 결정하는 방법	여러 변수(배합, 양생, 표면처리 등)들이 미치는 영향을 평가하는 데 사용	등급으로만 판정됨.	KS F 2466 규정이 2002년도에 폐지

6.3.7 염화물 침투 저항성

염화물은 염소를 조직 성분으로 하는 화합물의 총칭으로서, 콘크리트용 재료에 함유되어 있는 염화물로서는 염화나트륨, 염화칼슘, 염화칼륨, 염화마그네슘 등이 있다. 콘크리트에 염화물 이온량이 많아지면 장기 재령에서 강도 저하 및 백화가 발생하는 등 악영향을 미치므로, 염화물 이온량의 총량을 되도록 적게 하는 것이 바람직하다. 이들 염화물이 콘크리트 중에 어느 한도 이상 존재하면 콘크리트 중의 강재의 부식이 촉진되어 구조물이 조기에 열화하는 원인이 되기 때문에 이러한 물질의 침투에 대한 콘크리트의 저항성을 정확히 평가하는 것이 매우 중요하다.

일반적으로 콘크리트 염화물 침투 저항성을 평가하기 위한 시험 방법은 KS F 2711에 따라 실시한다. 이 시험 방법에 준하여 재료 또는 배합비를 평가할 경우에는 시험용 슬래브나 지름이 큰 원주 공시체로부터 채취한 코어 또는 지름 100 mm의 원주 공시체를 사용하고, 구조물을 평가할 경우 구조물로부터 채취한 코어 또는 현장에서 타설, 양생된 지름 100 mm의 원주 공시체를 사용한다. 시험체에 전위차를 작용시켜 전류가 콘크리트를 강제로 통과하도록 하여 그 통과 전하량으로 콘크리트의 침투 저항성을 빠른 시간에 측정한다. 염화물 이온 침투성은 통과 전하량을 5단계로 구분하여 평가한다.

그 외에 많이 사용되는 NT Build 492 시험은 콘크리트 양단에 10~60 V의 직류 전압을 가하여 염화물 이온의 이동을 촉진시켜 염화물 이온 침투 깊이를 측정하는 방법으로, 비정상 상태에서의 염화물확산계수를 산출할 수 있으며, 이 값이 낮을수록 염화물 침투저항성은 우수한 것으로 판단할 수 있다. 이 시험 방법은 시험 기간이 24시간 정도로 비교적 짧고 측정 방법도 간단하므로 콘크리트의 확산계수에 의한 품질 관리 기준 시험으로 적합하고, 재령별 확산계수의 시간 의존성을 평가하는 데 유용한 방법이다.

표 6.8 염화물 침투 저항성 시험 방법

표준 시험 번호	시험 종류	시험 방법	장점	단점	비고
KS F 2711 ASTM C 1202	전기 전도도에 의한 콘크리트의 염소이온 침투 저항성 시험 방법	콘크리트에 임의로 전위를 적용하여 염화물 이온이 통과된 전하량으로 콘크리트의 침투 저항성을 측정	염화물 침투 저항성을 조기 판정하기에 용이	• 시험 장비가 많이 필요하고, 절차가 복잡 • 온도 의존성 높음	• 장기 침지 시험과 상관성을 확인하여 검증할 것. • KS와 ASTM 시험 방법 동일
NT BUILD 492	비정상 상태의 염화물 확산계수 측정 시험	전위차에 의해 촉진 침투시켜 침투 깊이에 의한 평가	• 시험 기간이 짧음. • 측정이 용이함.		

07 장

현장 적용 요령 및 사례

7.1 개요

타설된 콘크리트의 양생의 핵심내용은 결합재의 충분한 수화반응이 이루어지도록 외부로부터 물을 공급하거나 콘크리트 내부의 수분이 증발되지 않도록 하는 것과 소요 강도에 도달하기 위한 기간 동안 적정 온도를 유지하는 것이다.

하절기와 같이 대기 온도가 높을 경우, 포장 콘크리트나 슬래브 등 수평 부재는 물에 잠기게 함으로써 양생할 수 있으며 기타 부재들은 분무식 또는 양생포 등 수분이 머금을 수 있는 재료로 양생하는 것이 일반적이다. 수분 증발을 방지하는 다른 수단은 표면을 양생용 방수지나 PE필름 또는 막(膜) 형태의 양생용 컴파운드로 부재 표면을 덮는 것이다. 한편 대기 온도가 낮은 경우에는 보온용 담요 등으로 콘크리트가 동결하지 않도록 해야 하며, 증기, 가열 코일 또는 거푸집에 전열선 등을 설치하여 양생함으로써 강도 발현 속도를 촉진할 수도 있다.

거푸집 제거는 일반적으로 초기 콘크리트에 행해지는 마지막 작업이다. 이 작업에는 상반되는 요인이 공존하는데, 거푸집을 빨리 제거하면 공사비 측면에서 유리한 반면에 콘크리트가 충분한 강도를 가지기 전에 거푸집을 제거하면 구조물 콘크리트가 소요 강도에 도달하지 못하거나 내구성이 저하될 우려가 있다. 양생용 거푸집은 콘크리트가 자체 무게와 시공 중에 재하되는 하중을 저항할 수 있는 강도를 가질 때까지 존치되어야 한다. 또한 콘크리트의 표면은 거푸집 제거 작업 중에 또는 다른 시공상의 행위로 손상되지 않도록 충분한 경도(硬度)를 가져야 한다. 수화되는 시멘트 페이스트의 강도는 대기 온도와 수분 공급에 의하여 결정되므로 거푸집 제거 시기에 대한 기준은 존치 기간보다도 콘크리트강도로 하는 것이 합리적이다.

추운 날씨에 양생하는 경우, 구조물의 안전성 확보를 위하여 설계 도서에 콘크리트가 빙점에 노출되기 전의 최소 강도를 명시해야 한다. 더운 날씨인 경우 수화되지 않은 콘크리트의 수분이 증발할 수 있는데 이는 콘크리트의 수화와 강도 발현에 지장을 주는 원인이 되며 소성수축에 의한 균열을 유발한다. 소성수축 균열을 방지하기 위해서는 더운 날씨와 건조한 바람에 의한 빠른 수분 증발을 차단해야 하는데 분무기로 콘크리트 표면의 공기를 적시거나 비닐막을 덮는 방법을 사용하면 효과적이다. 풍속을 줄이기 위하여 방풍막을 설치하거나 표면 온도를 낮추기 위하여 차양막을 사용하는 것도 효과적이며, 소성수축균열 또는 침하균열이 발생하였을 경우 아직 콘크리트가 굳지 않았다면 재다짐을 통해 벌어진 균열을 닫을 수 있다.

7.2 양생

7.2.1 재료

(1) KS F 2540에 의한 피막 양생제

(2) KS M 3354에 의한 방수 시트

7.2.2 시공

양생 방법 중 습도 유지가 가장 중요하며 일정 습도 유지를 위한 방법으로는 비닐막 또는 습기 찬 부직포를 덮거나 양생 콤파운드 도포, 분무 및 이들을 조합하는 방법들이 있다. 이 중 분무하는 방법은 콘크리트 표면에 고르게 물이 분사되는 장점이 있으며, 콘크리트 표면과 분사되는 물의 온도 차이가 너무 크지 않도록 해야 한다. 양생 콤파운드는 콘크리트 표면이 마르기 전에 도포해야 한다. 콘크리트의 습기 유지는 온도 조절과도 연관되는데, 콘크리트는 수화반응이 끝난 후 냉각될 때 급격히 건조해지기 때문이다.

양생 중의 콘크리트는 충분한 경도를 가질 때까지 습기 유지뿐 아니라 해로운 영향으로부터 보호되어야 한다. 해로운 영향이란 급격한 냉각이나 온도 상승, 폭우, 급물살, 화학작용, 진동, 흔들림 등이며, 이들은 콘크리트 구성 요소간의 결속력을 이완시키고 콘크리트와 철근의 부착력을 약화시킨다.

대기 온도가 높은 경우,

① 콘크리트 타설 전에 방풍막, 그늘막, 분무, 살수, 침수 또는 습기 공급을 위해 준비해야 한다.

② 습기 공급을 위한 물의 온도는 최소한 콘크리트 표면 온도 이상이어야 한다.

③ 매스 콘크리트의 경우 타설할 때 콘크리트의 온도는 일반적으로 30 ℃ 이하로 유지한다. 콘크리트 온도가 높은 경우 동일한 반죽질기를 유지하기 위하여 물을 많이 필요로 하게 되며, 따라서 28일 강도가 낮아진다. 특히 강재 거푸집을 사용하는 경우 강한 햇볕에 의한 급격한 온도 상승으로 콘크리트의 내구성을 약화시키는 원인이 되므로 이를 방지할 필요가 있다.

대기 온도가 낮은 경우에는,

① 대기 온도가 −3 ~ 5 ℃인 경우, 타설 콘크리트의 온도는 5 ℃ 이상이어야 하며, 대기 온도가 −3 ℃ 이하인 경우에는 3일간 10 ℃ 이상을 유지한다. 수분 증발을 방지한 경우, 단위시멘트 사용량이 270 kg/m³ 이상이고 물-시멘트비가 0.6 이하인 경우, 강도 5 MPa 이상 발현되었거나 조강제를 사용하여 3일간 10 ℃ 이상을 유지하여 양생되었을 때에는 콘크리트가 결빙되어도 동해를 입지 않는다.

② 24시간 중 평균 온도가 5 ℃ 이하인 기간이 3일 이상으로 예측되는 경우, 양생 중인 콘크리트의 온도는 다음 값 이상을 유지하는 것이 바람직하다.

- 부재의 최소 치수 0.3 m 이하 → 13 ℃
- 부재의 최소 치수 0.3~0.9 m → 10 ℃
- 부재의 최소 치수 0.9~1.8 m → 7 ℃
- 부재의 최소 치수 1.8 m 이상 → 5 ℃

콘크리트를 타설할 때 온도는 이 값들보다 10 ℃ 이상 높지 않아야 하며, 이러한 조건은 대기 온도가 24시간 중 절반 이상이 10 ℃ 이상인 경우에는 적용되지 않는다. 별도 규정이 없는 한 타설되는 콘크리트의 온도는 30 ℃ 이하이어야 한다.

③ ②항의 타설 콘크리트 온도 확보를 위한 조치로서 가열 또는 보온을 할 수 있으나, 과열이나 열의 집중으로 콘크리트 표면이 건조해지지 않도록 한다. 열풍기가 외벽측에 배치되면, 특히 외벽이 얇을 경우 외벽의 내측은 인장, 외측에는 압축이 작용하

므로 열풍기를 벽에서 이격시킬 필요가 있다.

④ 연소형 히터는 특별한 조치가 없는 경우 사용하지 않는다. 연소가스에 포함되어 있는 이산화탄소는 시멘트 수화생성물인 수산화칼슘과 반응하여 탄산칼슘으로 석출되며, 콘크리트의 탄산화는 체적수축을 유발한다. 급열에 따른 건조수축과 탄산화수축이 복합적으로 작용하면 콘크리트 표면에 균열을 유발하거나 이미 발생된 균열의 폭을 진전시킬 수 있다. 따라서 동절기에 콘크리트 양생을 위하여 연소형 히터를 사용할 경우 적절한 환기장치를 설치할 필요가 있다.

7.2.3 양생 부위 보호

1) 일반 사항

콘크리트는 타설 직후, 수화반응하기 전에 빠르게 건조해지거나 과도한 온도 상승 또는 급격한 냉각 및 물리적인 손상으로부터 보호되어야 한다. 보호 방법 중 하나는 7.2.2에서 기술한 온도 이하로 떨어지지 않도록 하는 것이다.

① 타설 후 7일간은 2)항 및 3)항에 따라 양생하며, 조강 콘크리트의 경우는 3일간 양생한다.

② 다음과 같은 경우, 수분 유지를 위한 양생 방법은 필요 없다.

- 해당 부재 인접부에서 채취되고, 실제 구조물과 동일하게 양생된 2개 이상의 공시체를 시험하여, KS F 2405에 규정된 설계기준압축강도(f_{ck})의 70 퍼센트 이상을 발현하였을 경우
- 현장 시험실에서 f_{ck}의 85 퍼센트 발현시기까지 10 ℃ 이상 유지하였을 경우
- 비파괴 시험에 의하여 f_{ck}값에 도달한 경우

③ 양생 기간 중 콘크리트 표면의 온도 변화는 다음 값 이내가 바람직하다.

- 부재의 최소 치수 0.3 m 이하 → 28 ℃
- 부재의 최소 치수 0.3~0.9 m → 22 ℃
- 부재의 최소 치수 0.9~1.8 m → 17 ℃
- 부재의 최소 치수 1.8 m 이상 → 11 ℃

2) 거푸집을 설치하지 않은 콘크리트 표면

거푸집을 설치하지 않은 부분에서 콘크리트의 표면을 고르기 한 후에 4)항의 방법 중 하나를 적용하여 습기를 유지한다.

3) 거푸집을 설치한 콘크리트 표면

거푸집 제거시까지 거푸집에 수분을 머금도록 한다. 거푸집 제거 후에는 4)항의 방법 중 하나를 적용하여 습기를 유지한다.

4) 습기 유지 방법

콘크리트의 타설 및 면 고르기가 끝나면 다음 방법 중 하나 이상을 사용하여 양생한다.

① 침수(ponding), 지속적인 분무 또는 지속적인 살수.

② 매트나 부직포를 사용하되 마르지 않게 함.

③ 지속적인 증기 공급(온도 65 ℃).

④ KS M 3354에 따른 시트 사용.

⑤ KS F 2540에 부합하는 양생 콤파운드 사용.

⑥ 기타 승인된 수분 유지 방법을 적용함.

* 콤파운드 사용 요령으로는 콘크리트 표면에서 습기의 반짝임이 사라지면 사용 가능하다. 사용량은 리터당 5 m^2 이하의 면적을 넘지 않도록 한다. 콤파운드는 밀착부의 부착력을 떨어뜨리기 때문에 콘크리트 또는 다른 재료들이 결합·부착해야 하는 경우에는 사용하지 않는다.

7.2.4 일반적인 양생 결함 사례

1) 표면 손상

① 콘크리트가 마르지 않은 상태에서 발수성 도료를 칠하면 콘크리트 내부 수분의 증발로 기포가 발생하여 표면이 평활하지 못하게 된다. 이는 양생된 콘크리트의 잉여수가 증발하는 것을 도료에 의한 도막이 차단시키기 때문에 발생하는 현상이다.

② 비가 올 때 타설하여 양생하는 경우, 빗물이 콘크리트와 섞여 강도가 저하되거나 표면 마감이 깨끗하지 않을 수 있다. 또한 콘크리트의 표면 강도가 약해져 마감재의 모르타르와 함께 구조체 표면도 묻어서 분리되는 현상의 발생이 가능하다.

2) 표면 변색

① 양생을 스프링클러에 의하여 살수 양생을 할 경우 과다 살수로 인하여 콘크리트 표면이 침수되어 표면이 이물질 또는 녹물에 의하여 오염될 수 있다.

② 양생 부재 표면에 철근이나 철선 등 철제 자재를 방치하는 경우 빗물 또는 외기의

영향에 의하여 표면이 녹물로 변색된다.

3) 균열 발생

① 양생 초기에 응결이 시작된 상태에서 표면의 수분이 급격히 건조될 경우에 발생하며 외기의 온도, 콘크리트의 온도, 상대 습도, 표면의 풍속 등의 조건에 따라 계절에 관계없이 발생한다. 이는 소성 수축에 의한 균열이다.

② 양생되는 구조물의 내부와 표면의 온도 차이로 인한 균열로서 외부로 발산되는 수화열의 속도 차이에 기인한다. 부재 중심부의 내외부의 온도 차이가 많이 나지 않도록 온도 측정과 표면 온도 관리가 필요하다.

③ 동결 조건에 노출된 상태로 양생하는 경우 시멘트 페이스트나 골재 내부의 물이 동결하여 팽창함으로써 콘크리트에 손상을 주게 된다.

④ 양생 도중에 거푸집 또는 콘크리트가 진동함으로써 발생되는 균열로서 인접 부위에서 말뚝을 항타하거나 적절한 완충 조치 없이 콘크리트 타설 압송관이 양생 부위에 접촉되는 경우에 발생한다.

7.3 거가대교에 적용된 양생 공법

7.3.1 일반 사항

1) 개요

거가대교는 거제시와 가덕도를 연결하는 교량으로 총 연장 8.2 km, 왕복 4차로의 도로로서, 2개의 사장교를 포함하여 총 8개의 교량 4.5 km 구간과 수중에 건설되는 3.7 km의 침매터널로 구성되어 있다.

침매터널은 국내에서 최초로 시도되는 형식으로 제작장에서 제작되는 세그먼트들을 최대 수심 40~50 m에서 결합하여 해저터널을 시공하게 된다. 침매터널의 두께는 1.33 ~ 1.35 m이며, 침매터널에는 내구수명 100년의 내구성과 더불어 수밀성을 확보하

사진 7.1 침매터널 세그먼트 제작장 전경

기 위해서 엄격한 양생관리 방안이 적용되었다. 다음은 침매터널 세그먼트를 제작할 때 적용된 온도 관리별 양생 방법에 대해 설명한다.

2) 침매터널 제원

침매터널은 거대한 콘크리트 구조물로서, 22.5 m씩 8회의 분할 타설로 1개(180 m)의 단위 침매함체를 제작하였다. 침매함체의 제원은 표 7.1과 같다.

표 7.1 침매함체의 제원

구분	차선 수	함체 높이(H)	함체 폭(W)	제작 수
일반차선 구간	거제 방향 2차선 부산 방향 2차선	9.75 m	26.5 m	각 8함체
오르막차선 구간	거제 방향 3차선 (중죽도 진입 구간) 부산 방향 2차선	9.75 m	28.5 m	2함체

3) 기후 정보

침매터널 세그먼트가 제작된 위치의 기후 정보는 표 7.2와 같다. 이 표의 수치는 1971년 ~ 2000년 사이의 30년간 기상청 자료를 평균한 것이다.

표 7.2 기상청 기후 자료

월	1	2	3	4	5	6	7	8	9	10	11	12	연평균
온 도(℃)	2.7	3.9	8.0	13.1	17.3	20.6	24.2	25.7	22.1	17.1	11.0	5.2	14.2
습 도(%)	56.5	57.7	62.3	66.9	71.2	78.8	83.7	80.4	74.9	68.2	64.2	59.0	68.7
풍 속(m/s)	2.6	2.8	2.8	2.9	2.5	2.3	2.8	2.6	2.2	2.1	2.4	2.4	2.5

4) 침매터널의 품질관리 기준

고품질의 침매터널을 시공하기 위해 크게 다음과 같은 온도관리 기준이 적용되었다.

① 균열 위험도가 70 퍼센트 이하가 되어야 하며, 이는 균열을 방지할 수 있는 수준이다. 여기에서 균열 위험도는 “작용 인장응력/콘크리트의 인장강도”로 정의되며, 수식의 형태로 볼 때 국내에서 통용되고 있는 온도균열지수의 역수로 볼 수 있다.

② 수화 발열의 경우 내부 최고 온도는 65 ℃ 이하가 되어야 한다. 단, 고온에 의해 강도

발현이나 염화물 확산계수가 규정에 못 미칠 경우에는 50 ℃ 이하까지 제한한다. 이러한 규정의 목적은 수화열 제어와 더불어 시간을 두고 나타나는 에트린자이트 형성에 의한 콘크리트 조직의 손상을 최소화하기 위한 것이다.

③ 어느 한 단면 내에서 단면 내부와 표면에 가까운 부분(표면에서 10 mm 깊이)의 최대 온도차는 20 ℃ 이하가 되어야 한다. 이는 수화열과 내부 구속이 결합되어 발생하는 균열을 방지하기 위한 것이다.

④ 어느 한 단면 내에서 단면의 평균 온도와 표면에 가까운 부분의 최대 온도차는 15 ℃ 이하가 되어야 한다. 이는 내부 구속으로 인한 균열을 방지하기 위한 목적이다.

⑤ 콘크리트의 최대 허용균열폭은 0.2 mm이다.

상기와 같은 엄격한 규정을 만족하기 위해서는 기본적으로 수화열을 효과적으로 제어할 수 있는 여러 기법들이 복합적으로 적용되어야 하며, 그중에서도 저발열 배합의 적용, 콘크리트 배합 온도의 관리, 효과적인 보온 양생은 기본이 된다고 할 수 있다.

7.3.2 현장 관리

1) 타설 생산 온도 관리 방안

표 7.3 타설 생산 온도 관리 방안

구 분	생산 온도	관리 문제점 및 해결 방안	
		문제점	해결 방안
동절기	15 ℃	혼합수 온도 저하(15 ℃ 이하)	• 보일러를 사용하여 혼합수 가열(40~50 ℃ 수준 이상)
		골재 온도의 저하	• 골재 저장조에 보일러를 설치하여 골재를 가열 • 천막을 설치하여 외풍, 강우 및 강설 유입 최소화
		결합재 온도 저하	• 결합재 사일로에 보온재 설치, 외기 영향 최소화
		믹서 트럭 운반 도중 온도 저하	• 에지테이터에 보온재 설치, 외기 영향 최소화
하절기	20 ℃	혼합수 온도 상승(25 ℃ 이상)	• 칠러 가동, 혼합수의 온도를 10~15 ℃로 유지 • 아이스 플랜트 가동, 혼합수를 얼음으로 대체
		골재 온도의 상승	• 골재에 살수를 실시하여 온도를 저하시킴 • 직사 광선을 막을 수 있게 저장조에 지붕을 설치
		결합재 온도 상승	• 결합재 사일로 보온재 설치, 외기 영향 최소화
		믹서 트럭 운반 도중 온도 상승	• 에지테이터에 보온재 설치 & 살수, 온도 상승 방지
봄, 가을	15~20 ℃	혼합수 관리	• 온도 저하시 : 보일러 가동 • 온도 상승시 : 칠러 가동
		골재 관리	• 골재를 저장조에 적치시켜 온도를 균일하게 유지

사진 7.2 사용수 보일러 설치 사진

사진 7.3 골재 저장조 보일러 설치

사진 7.4 사용수 보일러 설치

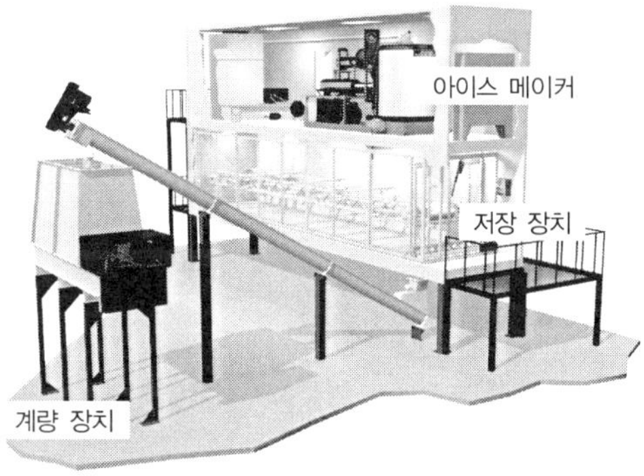

사진 7.5 아이스 플랜트 설치

※ 계절별 타설 온도

(1) 봄·가을 : 정상 배합의 경우 약 15 ~ 20 ℃

(2) 동절기 : 온수 배합의 경우 약 5 ~ 15 ℃(시방서상 최소 배합 온도 5 ℃)

(3) 하절기 : 프리쿨링(아이스 플랜트 가동)으로 25 ℃ 이하로 관리

2) 타설 현장 온도 관리 방안

침매터널의 수화열 해석 결과에 의하면 외기 온도가 타설 온도보다 약 10 ℃ 이상 높게 유지될 경우 제반 온도 관리 규정이 만족되고, 수화열에 의한 균열이 최소화되는 것으로 나타나고 있다. 따라서 다음과 같이 계절에 따라 외기 온도나 타설 온도를 조절하는 기법을 적용하였다.

표 7.4 타설 현장 온도 관리 방안

구 분	문제점	관리 방안	비 고
동절기	• 내부 온도 저하 및 양생 지연 • 후속작업의 대기 시간 지연	• 천막을 사용, 외기 영향 최소화 • 스팀 보일러를 가동, 내부 공기의 온도 상승 • 열풍기를 사용, 내부 공기의 온도 상승(선 타설된 콘크리트 면의 건조에 주의)	수화열 계측 자료 참조
하절기	• 내부 온도 상승(양생 촉진, 콘크리트면 조기 경화)	• 타설시 천막을 걸어 통풍 온도를 저감 • 냉풍기 사용, 내부 공기 및 거푸집 온도 저하	
봄, 가을	• 온도 저하가 우려될 때	• 동절기 방안 사용	
	• 온도 상승이 우려될 때	• 하절기 방안 사용	

사진 7.6 천막 및 스팀 보일러를 이용한 외기 온도 관리

(1) 봄, 가을, 동절기

① 타설 후 천막으로 부재를 밀폐시키고 증기 보일러로 외기 온도 조절

② 타설 시간이 긴 관계로 봄, 가을, 동절기에는 타설 중에도 온풍기로 외기 온도를 타설 온도 정도로 상승시키는 것이 유리

(2) 하절기

① 하절기의 경우 외기 온도 조절 없이도 프리쿨링에 의해서 타설 온도가 목표 값만큼 조절될 경우 제반 관리 기준 만족 가능

3) 콘크리트 양생 관리 방안

(1) 동절기 : 비닐 1겹, 양생포 1겹, 버블랩 1겹을 덮음. 살수할 경우에는 온수를 사용한다.

(2) 하절기 : 비닐 1겹과 양생포 1겹을 덮음. 살수할 경우에는 냉각수를 사용한다.

(3) 봄, 가을 : 동절기에 준하는 양생 관리를 실시한다.

(4) 콘크리트 타설부터 양생 완료까지 흐름은 다음과 같다.

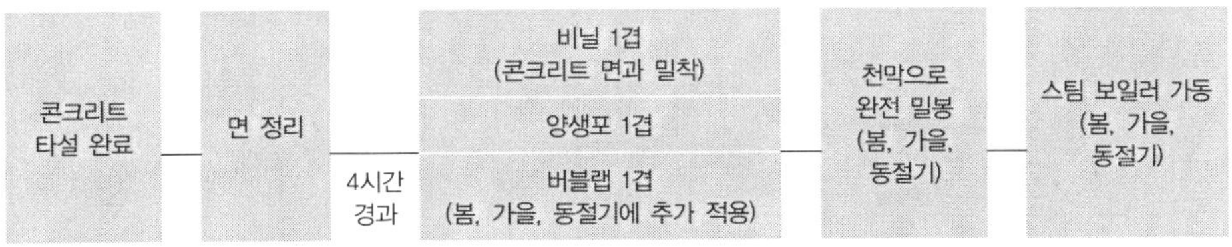

4) 거푸집 제거시기의 결정

타설된 콘크리트의 거푸집이나 동바리의 제거시기를 결정하기 위해서는 현장의 콘크리트와 가능한 유사한 조건에서 양생한 공시체를 대상으로 직접강도시험을 실시하는 것이 바람직하다. 이는 거푸집 제거 시 예상되는 인장응력에 대응할 수 있는 콘크리트의 강도수준을 확인함으로써 타설된 콘크리트 구조물의 건전도뿐만 아니라 균열발생 여부 등을 예측하는데 크게 활용할 수 있기 때문이다. 그러나 실제 구조물에 비해 상대적으로 적은 단면의 압축강도 시험용 공시체를 단지, 구조물과 같은 장소에 놓는 것만으로는 동일한 양생온도조건으로 되지 않기 때문에 실제는 구조물의 온도이력을 실시간으로 반영하여 동일한 온도환경으로 공시체를 양생할 수 있는 온도추종양생을 실시하는 것이 가장 바람직하다.

그림 7.1은 침매함체의 각 부위별 온도이력을 실시간으로 측정·모니터링하기 위한 게이지 위치와 이를 반영하여 압축강도 시험용 공시체를 양생하고 있는 과정을 나타낸 것이고, 표 7.5와 그림 7.2는 계획된 재령에 따라 측정한 압축강도의 시험결과를 나타낸 것이다. 즉 낮은 외기온(일평균 외기온 5.5℃, 12월초)임에도 불구하고, 높은 수화열에 기인하여 압축강도가 크게 개선되었고, 이로 인해 타설 후, 24시간 만에 거푸집을 제거할 수 있었다.

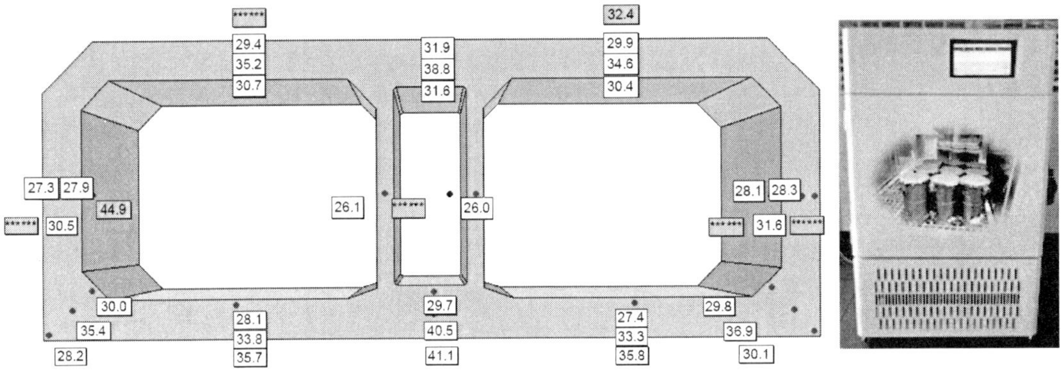

그림 7.1 침매함체용 콘크리트 구조물의 실시간 양생온도이력을 반영한 온도추종양생

표 7.5 침매함체 콘크리트 구조물의 압축강도(평균 외기온 : 5.5℃, 구조체 최고온도 : 63.4℃)

구 분	재령 (hour)					비 고
	15	20	24	48	72	
표준양생 공시체 (MPa)	0.9	1.9	3.1	5.8	11.2	표준양생 28일 압축강도 : 42.6 MPa
현장봉합양생 공시체 (MPa)	0.2	0.3	0.7	2.2	3.8	
온도추종양생 공시체 (MPa)	1.3	2.7	6.9	12.4	20.8	
[온도추종양생/표준양생]×100 (%)	144	142	223	214	186	

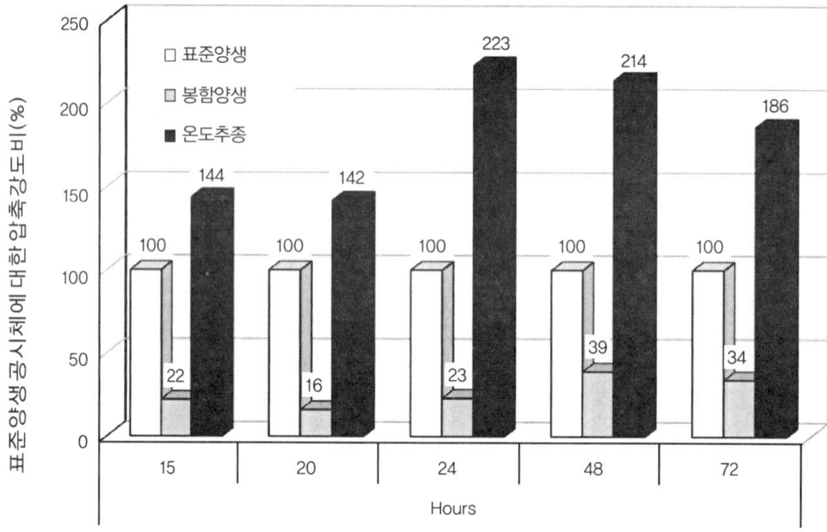

그림 7.2 침매함체용 콘크리트의 양생조건별 압축강도비
(평균 외기온 5.5℃, 구조체 최고온도 63.4℃, 표준양생 28일 압축강도 42.6 MPa)

5) 보온 양생 방안

(1) 하부 슬래브 및 상부 슬래브 상면은 타설 초기부터 적절한 보온 양생이 바람직(그림 7.3의 A점 상승) : 계절에 따라 양생포와 버블랩을 적절히 사용함(그림 7.7).

(2) 양생포 재질이나 두께에 따라 2겹 이상을 사용할 수도 있음.

(3) 양생포 제거 시기를 결정할 때 B점이 관리 값 이하로 내려가지 않도록 관리함.

(4) 양생포가 2겹 이상일 경우 한꺼번에 제거하기보다는 1겹씩 제거하는 것이 바람직함.

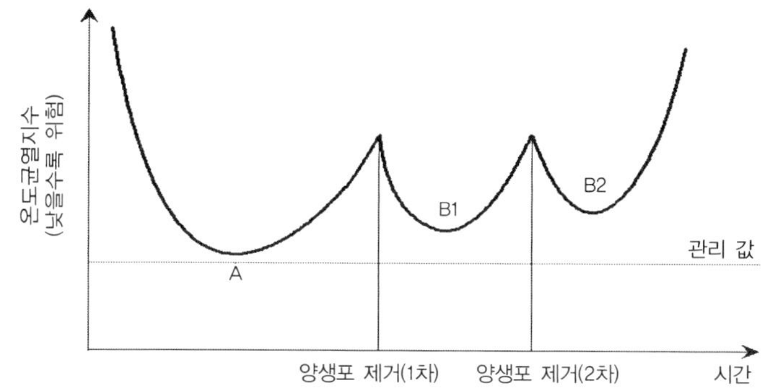

그림 7.3 **보온 양생할 때 표면부의 거동**

사진 7.7 양생포(비닐 포함) / 버블랩을 이용한 보온 양생

6) 계절별 양생 관리 방안 요약

그림 7.4~7.6은 계절별로 적용된 양생 방법과 거푸집 탈형 시기를 요약한 것이다.

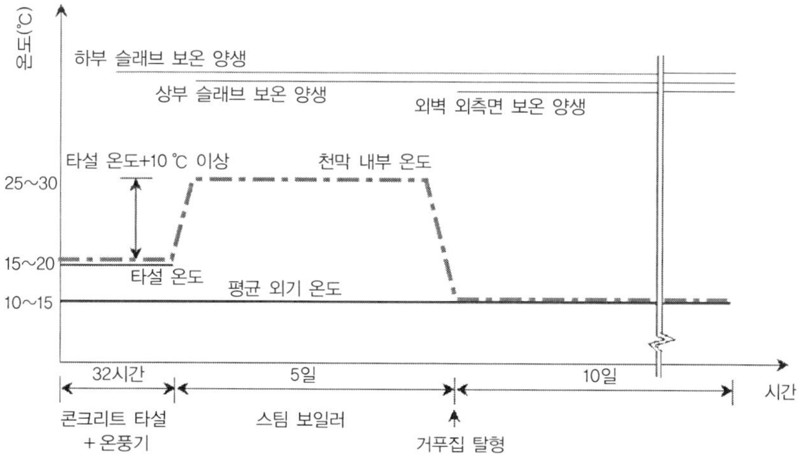

그림 7.4 **봄, 가을 양생 관리도**

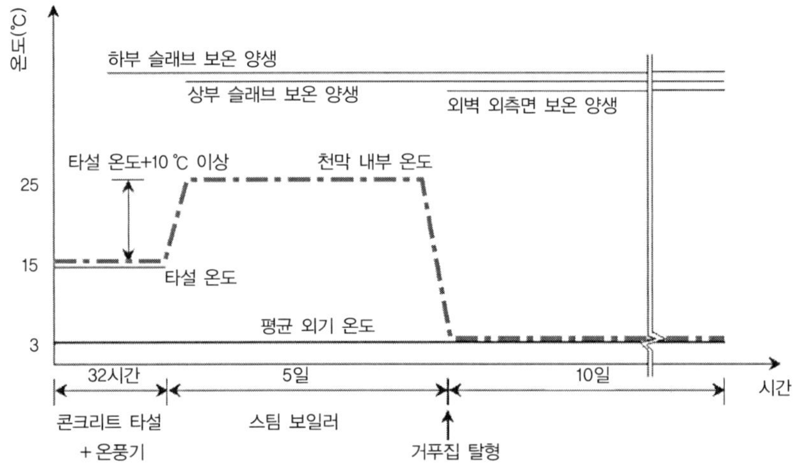

그림 7.5 **동절기 양생 관리도**

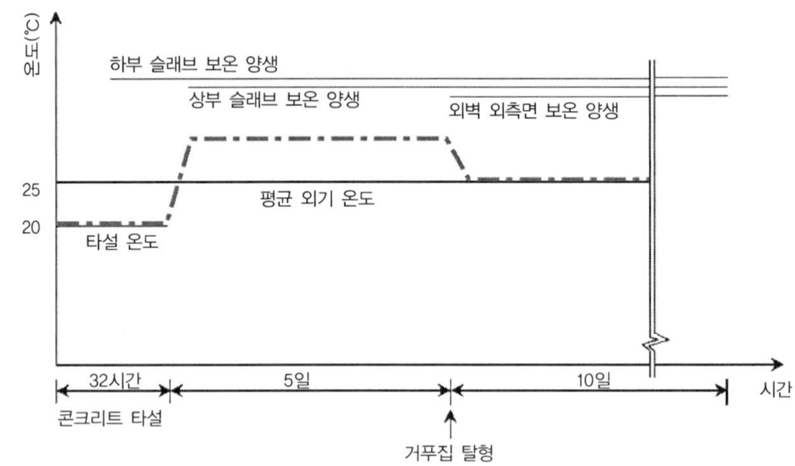

그림 7.6 **하절기 양생 관리도**

참/고/문/헌

[1장]

1. KS F 2414, 콘크리트의 블리딩 시험 방법, 2000.
2. KS F 2540, 콘크리트 양생용 액상 피막 양생제, 1974.
3. KS F 2733, 콘크리트 압축강도 추정을 위한 관입저항 시험 방법, 2008.
4. KS L 5108, 비카트 침에 의한 수경성 시멘트의 응결 시간 시험 방법, 2007.
5. ACI 301, Standard Specifications for Structural Concrete.
6. ACI 302.1R, Guide for Concrete Floor and Slab Construction.
7. ACI 305R, Hot Weather Concreting.
8. ACI 306R, Cold Weather Concreting.
9. ACI 308, Standard Practice for Curing Concrete.
10. ASTM C 232, Test Method for Bleeding of Concrete.
11. ASTM C 309, Specification for Liquid Membrane-Forming Compounds for Curing Concrete.
12. ASTM C 403, Test Method for Time of Setting of Concrete Mixtures by Penetration Resistance.
13. ASTM C 1315, Specification for Liquid Membrane-Forming Compounds Having Special Properties for Curing and Sealing Concrete.
14. Aitcin, P. C., 1999, "Does Concrete Shrink or Does it Swell?" Concrete International, V. 21, No 12, Dec. pp.77~80.
15. Dalton, J., 1802, "Experimental Essays on Evaporation", Proceedings, V. 5, Manchester Literary and Philosophical Society, pp.536~602.
16. Dhir, R. K. ; Hewlett, P. C. ; and Chan, Y. N., 1987, "Near Surface Characteristics and Durability of Concrete : Assessment and Development of In Situ Test Methods", Magazine of Concrete Research, V. 39, No. 141, Dec., pp.183~195.
17. Gowriplan, N. ; Cabrera, J. G. ; Cusens, A. R. ; and Wainwright, P. J., 1990, "Effect of Curing on Durability", Concrete International, V. 12, No. 2, Feb., pp.47~54.
18. Hanson, J. A., 1968, "Effects of Curing and Drying Environments on the Splitting Tensile Strength of Concrete", PCA Development Bulletin D141.
19. Kosmatka, S. H., and Panarese, W. C., 1988, Design & Control of Concrete Mixtures, Portland Cement Association, Skokie Illinois, 13th Edition.

20. Menzel, C. A., 1954, "Causes and Prevention of Crack Development in Plastic Concrete", Proceedings, Portland Cement Association Annual Meeting, pp.130~136.
21. Mindess, S., and Young, J. F., 1981, Concrete, Prentice Hall, Englewood Cliffs, N.J., p.671.
22. Murdock, L. J. ; Brook, K. M. ; and Dewar, J. D., 1991, Concrete Materials and Practice, 6th Edition, Edward Arnold Press, London, p.470.
23. Neville, A. M., 1996, Properties of Concrete, 4th Edition, Wiley, p.844.
24. Powers, T. C. ; Copeland, L. E. ; and Mann, H. M., 1959, "Capillary Continuity or Discontinuity in Cement Pastes", Journal of the Portland Cement Association Research and Development Laboratories, V. 1, No. 2, May, pp.38~48.
25. Powers, T. C., 1948, "A Discussion of Cement Hydration in Relation to the Curing of Concrete", Proceedings, Highway Research Board, V. 27, pp.178~188.
26. Sawyer, J. L., 1957, "Wear Test on Concrete Using the German Standard Method of Test Machine", Proceedings, ASTM, V. 57, July, pp.1145~1153.

[2장]

1. KS F 2540, 콘크리트 양생용 액상 피막 양생제, 1974.
2. KS F 2732, 콘크리트 압축강도 추정을 위한 인발강도시험 방법, 2008.
3. KS F 2733, 콘크리트 압축강도 추정을 위한 관입저항 시험 방법, 2008.
4. KS F 4009, 레디믹스트 콘크리트, 2006.
5. KS M 3354, 폴리테트라 플루오로에틸렌 처리 피막, 2006.
6. ASTM C 1074, Standard Practice for Estimating Concrete Strength by the Maturity Method, 2004.
7. ACI 308R-01, "Guide to Curing Concrete".
8. DIA, FED, "Korean-American Joint Technical Specifications", Vol. 3.
9. Van Aardt, J. H. P., 1953, "Discussion to F. E. Jones on The Physical Structure of Cement Products and its Effect on Durability", Proceedings of the Third International Symposium on the Chemistry of Cement, London, p.433.
10. Greening, N. R., and Landgren, R., 1966, "Surface Discoloration of Concrete Flatwork", Journal of the PCA Research and Development Laboratory, V. 8, No. 3, Sept., pp.34~50.

[3장]

1. 한국콘크리트학회, 콘크리트 표준시방서, 2009.
2. 한민철 · 한천구, 기온과 콘크리트, 기문당, 2002.
3. 한국콘크리트학회, 최신 콘크리트 공학, 2007.
4. ACI 308R-01, Guide to curing concrete, ACI, 2001.
5. ACI 318M-05, Building code and commentary, ACI, 2005.

6. 대한건축학회, 건축재료, 2010.
7. 日本建築學會, 寒中コンクリ-ト施工指針同解説, 2001.
8. Pigeon and Pleu, Durability of concrete in cold climate, E&FN SPON, 2001.
9. A. G. A Saul, Principles underlying the steam curing of concrete at atmospheric pressure, cement concrete association, Technical report, 1995.
10. J. J. Schieldler, W. H. Chamberlin, Early Strength of concrete as affected by steam curing temperatures, Jounal of American Concrete institute, 46, pp.273~283, 1949.
11. A. D. Ross, Heat flow in the steam curing of concrete, Proceeding of Inst. C. E., Part 1, 5, pp.695~702, 1956.

[5장]

1. ACI 228.1R, In-Place Methods to Estimate Concrete Strength.
2. ACI 306R, Cold Weather Concreting.
3. ASTM C 1151, Test Methods for Evaluating the Effectiveness of Materials for Curing Concrete.
4. British Standards Institute, "Testing Concrete-Methods of Testing Hardened Concrete For Other Than Strength", BS 1881-5 : 1970, London, p.36.
5. British Standards Institute, "Testing Concrete-Method for Determination of Water Absorption", BS 1881-122 : 1983, London, p.4.
6. British Standards Institute, "Testing Concrete-Recommendations for the Determination of the Initial Surface Absorption of Concrete", BS 1881-208 : 1996, London, p.14.
7. Al-Fadhala, M., and Hover, K. C., 2001, "Rapid Evaporation from Freshly Cast Concrete and the Gulf Environment", Construction and Building Materials, V. 15, No. 1, Jan., pp.1~7.
8. Balayssac, J. P. ; Detriche, C. H. ; and Grandet, J., 1993, "Validity of the Water Absorption Test for Characterizing Cover Concrete", Materials and Structures, V. 26, May, pp.226~230.
10. Balayssac, J. P. ; Detriche, C. H. ; and Diafat, N., 1998, "Effect of Wet Curing Duration upon Cover Concrete Characteristics", Materials and Structures, V. 31, June, pp.325~328.
11. Ballim, Y., 1993, "Curing and the Durability of OPC, Fly Ash, and Blast-Furnace Slag Concretes", Materials and Structures, V. 26, May, pp.238~244.
12. Basheer, P. A. M. ; Montgomery, F. R. ; Long, A. E. ; and Batayneh, M., 1990, "Durability of Surface Treated Concrete", Protection of Concrete, Proceedings of the International Conference, Dundee, Scotland, R. K. Dhir and J. W. Green, eds., E&FN Spon, London, pp.211~221.
13. Ben-Othman, B., and Buenfeld, N.R., 1990, "Oxygen Permeability of Structural Lightweight Aggregate Concrete", Protection of Concrete, Proceedings of the International Conference, Dundee, Scotland, R. K. Dhir and J. W. Green, eds., E&FN Spon, London, pp.725~736.
14. Berhane, Z., 1984, "Evaporation of Water from Fresh Mortar and Concrete at Different Environmental Conditions", ACI JOURNAL, Proceedings V. 81, No. 6, Nov.-Dec. pp.560~564.

15. Berhane, Z., 1985, Closure to discussion on paper, "Evaporation of Water from Fresh Mortar and Concrete at Different Environmental Conditions", ACI JOURNAL, Proceedings V. 82, No. 6, Nov.-Dec., pp.930~933.
16. Bier, T. A., 1987, "Influence of Type of Cement and Curing on Carbonation Progress and Pore Structure of Hydrated Cement Paste", Materials Research Society Symposium, V. 85, pp.123~134.
17. Brutsaert, W., 1982, Evaporation Into the Atmosphere : Theory, History, and Applications, D. Reidel Publishing Co., Dordrecht, Holland, p.299.
18. Brutsaert, W., 1987, Evaporation into the Atmosphere : Theory, History and Application, D. Reidel Publishing Co., Boston, Mass., p.299.
19. Carino, N. J., 1991, "The Maturity Method", CRC Handbook on Nondestructive Testing of Concrete, V. M. Malhotra and N. J. Carino, ed., CRC Press, Boca Raton, Fla., pp.101~146.
20. Cather, R., 1992, "How to Get Better Curing", Concrete, The Journal of the Concrete Society, London, V. 26., No. 5, Sept.-Oct., pp.22~25.
21. Concrete Society, 1988, "Permeability of Concrete-A Review of Testing and Experience", Technical Report 31, London, p.95.
22. DeSouza, S. J. ; Hooton, R. D. ; and Bickley, J. A., 1997, "Evaluation of Laboratory Drying Procedures Relevant to Field Conditions for Concrete Sorptivity Measurements", Cement Concrete and Aggregates, V. 19, No. 2, Dec., pp.59~63.
23. DeSouza, S. J. ; Hooton, R. D. ; and Bickley, J. A, 1998, "A Field Test for Evaluating High Performance Concrete Covercrete Quality", Canadian Journal of Civil Engineering, V. 25, No. 3, June, pp.551~556.
24. Dhir, R. K. ; Hewlett, P. C. ; and Chan, Y. N., 1986, "Near Surface Characteristics and Durability of Concrete : An Initial Appraisal", Magazine of Concrete Research, V. 38, pp.54~56.
25. Dhir, R. K. ; Hewlett, P. C. ; and Chan, Y. N., 1987, "Near Surface Characteristics and Durability of Concrete : Assessment and Development of In Situ Test Methods", Magazine of Concrete Research, V. 39, No. 141, Dec., pp.183~195.
26. Dhir, R. K. ; Hewlett, P. C. ; and Chan, Y. N., 1989, "Near Surface Characteristics and Durability of Concrete : Intrinsic Permeability", Magazine of Concrete Research, V. 41, No.148, Sept., pp.87~97.
27. Dhir, R. K. ; Hewlett, P. C. ; and Chan, Y. N., 1989, "Near Surface Characteristics and Durability of Concrete : Prediction of Carbonation", Magazine of Concrete Research, V. 41, No. 148, Sept., pp.137~144.
28. Dhir, R. K. ; Hewlett, P. C. ; and Chan, Y. N., 1991, "Near Surface Characteristics of Concrete : Abrasion Resistance", Materials and Structures/Matériaux et Constructions, V. 24, Mar., pp.122~128.
29. Dhir, R. K. ; Hewlett, P. C. ; Byars, E. A. ; and Shaaban, I. G., 1995, "A New Technique for Measuring the Air Permeability of Near-Surface Concrete", Magazine of Concrete Research, V. 47,

No. 171, June, pp.167~176.

30. Dinku, A., and Reinhardt, H. W., 1997, "Gas Permeability Coefficient of Cover Concrete as a Performance Control", Materials and Structures, V. 30, Sept., pp.387~393.

31. Falconi, M. I., 1996, "An Investigation of the Scaling Resistance and Other Properties of Slag-Cement Concrete", Master's thesis, Cornell University, Ithaca, N.Y.

32. Figg, J. W., 1973, "Methods of Measuring the Air and Water Permeability of Concrete", Magazine of Concrete Research, V. 25, No. 85, Dec., pp.213~219.

33. Folliard, K., and Hover, K. C., 1989, "National Science Foundation Research for Undergraduates Program, Cornell University (NSFREU)", Report of Activities, Aug., 1989.

34. Hooton, R. D. ; Mesic, T. ; and Beal, D. L., 1993, "Sorptivity Testing of Concrete as an Indicator of Concrete Durability and Curing Efficiency", Proceedings, Third Canadian Symposium on Cement and Concrete, Ottawa, Aug.

35. Hover, K. C., 1984, "The Influence of Moisture on the Physical Properties of Hardened Concrete and Mortar", PhD dissertation, Cornell University, Ithaca, N.Y., Aug.

36. Hover, K. C., 1992, "Evaporation of Surface Moisture : A Problem in Concrete Technology and Human Physiology", Concrete in Hot Climates : Proceedings of the Third International RILEM Conference on Concrete in Hot Climates, M. J. Walker, ed., E&FN Spon, London, pp.13~24.

37. Idso, S., 1968, Analysis of Environment-Plant Relationships, St. Paul Agricultural Experiment Station, Minn.

38. Idso, S. B. ; Jackson, R. D. ; Ehrler, W. L. ; and Mitchell, S. T., 1969, "A Method for Determination of Infrared Emittance of Leaves", Ecology, V. 50, May, pp.899~902.

39. Jalota, S. K., and Prihar, S. S., 1998, Reducing Soil Water Evaporation with Tillage and Straw Mulching, Iowa State University Press, Ames, Iowa, p.142.

40. Kollek, J. J., 1989, "The Determination of the Permeability of Concrete to Oxygen by the Cembureau Method-a Recommendation", Materials and Structures, V. 22, No. 129, pp.225~230.

41. Krauss, P. D., and Rogalla, E. A., 1996, "Transverse Cracking in Newly Constructed Bridge Decks", NCHRP Report 380, National Cooperative Highway Research Program, Transportation Research Board, National Academy Press, Washington, D.C., p.126.

42. Lerch, W., 1957, "Plastic Shrinkage", ACI JOURNAL, Proceedings V. 53, Feb., pp.797~802.

43. Long, A. E., and Murray, A. M., 1984, "The Pull-Off Partially Destructive Test for Concrete", In-Situ/Nondestructive Testing of Concrete, SP-82, V. M. Malhotra, ed., American Concrete Institute, Farmington Hills, Mich., pp.327~350.

44. Mather, B., 1984, Discussion on a paper by Z. Berhane, "Evaporation of Water from Fresh Mortar and Concrete at Different Environmental Conditions", ACI JOURNAL, Proceedings V. 81, No. 6, Nov.-Dec., pp.930~933.

45. McCarter, W. J., 1995, "Properties of Concrete in the Cover Zone : Developments in Monitoring

Techniques", Magazine of Concrete Research, V. 47, No. 172, pp.243~251.

46. McCarter, W. J. ; Ezirim, H. ; and Emerson, M., 1996, "Properties of Concrete in the Cover Zone : Water Penetration, Sorptivity and Ionic Ingress", Magazine of Concrete Research, V. 48, No. 176, pp.149~156.

47. Menzel, C. A., 1954, "Causes and Prevention of Crack Development in Plastic Concrete", Proceedings, Portland Cement Association Annual Meeting, pp.130~136.

48. Montgomery, F. R. ; Basheer, P. A. M. ; and Long, A. E., 1992, "Influence of Curing Conditions on the Durability Related Properties of Near Surface Concrete and Cement Mortars", Durability of Concrete : G. M. Idorn International Symposium, SP-131, J. Holm and M. Geiker, eds., American Concrete Institute, Farmington Hills, Mich., pp.127~138.

49. National Ready Mixed Concrete Association, 1960, "Plastic Cracking of Concrete", Engineering Information, NRMCA, Silver Spring, Md., July, p.2.

50. Nolan, E. ; Ali, M. A. ; Basheer, P. A. M. ; and Marsh, B. K., 1997, "Testing the Effectiveness of Commonly-Used Site Curing Regimes", Materials and Structures, V. 30, Jan.-Feb., pp.53~60.

51. Parrott, L. J., 1995, "Influence of Cement Type and Curing on the Drying and Air Permeability of Cover Concrete", Magazine of Concrete Research, V. 47, No. 171, pp.103~111.

52. Persson, B., 1997, "Self-Desiccation and its Importance in Concrete Technology", Materials and Structures, V. 30, June, pp.293~305.

53. Price, W. F., and Bamforth, P. B., 1991, "Initial Surface Absorption of Concrete : Examination of Modified Test Apparatus for Obtaining Uniaxial Flow", Magazine of Concrete Research, V. 43, No. 155, June, pp.93~104.

54. RILEM Recommendations CPC-18, 1998, "Measurement of Hardened Concrete Carbonation Depth", Materials and Structures, V. 21, No. 126, pp.453~455.

55. Sabir, B. B. ; Wild, S. ; and O'Farrell, M., 1998, "A Water Sorptivity Test for Mortar and Concrete", Materials and Structures, V. 31, Oct., pp.568~574.

56. Sawyer, J. L., 1957, "Wear Test on Concrete Using the German Standard Method of Test Machine", Proceedings, ASTM, V. 57, July, pp.1145~1153.

57. Shaeles, C. A., and Hover, K. C., 1988, "The Influence of Construction Operations on the Plastic Shrinkage Cracking of Thin Slabs", ACI Materials Journal, V. 85, No. 6, Nov.-Dec., pp.495~504.

58. Shariat, S. M. S., and Pant, P. D., 1984, "Curing and Moisture Loss of Grooved Concrete Surfaces", Transportation Research Record No. 986, pp.4~8.

59. Tang, L., and Nilson, L. O., 1986, "Effect of Drying at an Early Age on Moisture Distributions in Concrete Specimens Used for Air Permeability Tests", Nordic Concrete Research Establishment Report, Watford, UK, p.19.

60. Uno, P. J., 1998, "Plastic Shrinkage Cracking and Evaporation Formulas", ACI Materials Journal, V. 95, No. 4, July-Aug., pp.365~375.

61. Veihmeyer, F. J., 1964, "Evapotranspiration", Handbook of Applied Hydrology, V. T. Chow, ed., McGraw Hill, pp.11~1 to 11~38.
62. Virginia Department of Transportation, 1997, "Specifications for Highway and Bridge Construction.".
63. Wainwright, P. J. ; Cabrera, J. G. ; and Gowriplan, N., 1990, "Assessment of the Efficiency of Chemical Membranes to Cure Concrete, Protection of Concrete", Proceedings of the International Conference, Dundee, Scotland, R. K. Dhir and J. W. Green, eds., E&FN Spon, London, pp.907~920.

[6장]

1. 콘크리트 표준시방서, 한국콘크리트학회, 2004.
2. 최신콘크리트 공학, 한국콘크리트학회, 2004.
3. 레디믹스트콘크리트의 품질관리, 한국콘크리트학회, 2007.
4. 콘크리트 구조물의 안전진단, 구미서관, 1999.
5. 콘크리트 구조물의 비파괴 검사, 도서출판 과학기술, 1997.
6. 콘크리트 기술지침, 도서출판 건설도서, 1998.
7. 콘크리트 검사기술, 도서출판 과학기술, 1998.
8. 콘크리트 구조물의 진단과 보수, 도서출판 건설도서, 1998.
9. 콘크리트의 균열과 대책, 도서출판 건설도서, 1998.
10. 건축구조재료시험, 기문당, 2002.
11. 건축재료시험, 기문당, 2003.
12. 구조재료시험, 문운당, 1999.
13. 미국재료시험규격(ASTM).
14. 한국산업규격(KS), 7장 현장 적용 지침 및 해설.

[7장]

1. ACI 224.1R-93, "Causes, Evaluation and Repair of Cracks in Concrete Structures", pp.2~9.
2. ACI 301-96, "Standard Specifications for Structural Concrete", p.27, pp.30~35.
3. DIN 1045, "Beton und Stahlbeton, Bemessung und Ausfuehrung", 12.3항 'Ausruesten und Ausschalen'.
4. Verlag fuer Architektur und technische Wissenschaften Berlin, "Beton Kalendar 1984" teil Ⅰ, p.57, pp.72~73.
5. P. Kumar Mehta, Paulo J. M. Monteiro, "Concrete", 2ed, pp.320~322.
6. 나카자와 마사이치(정상진, 김성진 번역/(사)한국건축시공학회 감수), "건축실패사례-신뢰 받는 구조체공사의 현장관리", pp.146~147.

콘크리트 실무 매뉴얼

콘크리트 양생

2010년 12월 30일 1판 1쇄 발행
2015년 12월 30일 개정판 발행

저 자	사단법인 한국콘크리트학회 서울특별시 강남구 테헤란로7길 22 한국과학기술회관 신관 1009호 TEL. 568-1985~7 FAX. 568-1918 http : // www.kci.or.kr
발 행 인	신 현 목
발 행 처	사단법인 한국콘크리트학회
보 급 처	기 문 당 서울시 성동구 무학봉 28길 4-1 TEL. 2295-6171(代)~5 FAX. 2296-8188
출판등록	1976. 10. 7 (1-44)
홈페이지	http : // 기문당 http : // www.kimoondang.com
I S B N	978-89-6225-719-9 93530
정 가	12,000원